21世纪高等学校规划教材 | 计算机应用

U0133729

Visual Basic
实验指导与能力训练

刘颖 刘素敏 刘湘雯 编著

清华大学出版社

北京

内 容 简 介

本书既包含与主教材《Visual Basic 程序设计教程》各章配套的实验指导与模仿练习,又包含引导初学者入门的知识要点和常见错误解析,以及提高兴趣、拓展能力的实用例题解析。本书配套资料包含所有模仿实验、提高题及兴趣题的源代码。

本书既可以作为主教材的实验指导书,又可以作为小游戏、小实用程序开发的入门参考书独立使用,对学习、考试、工作乃至生活都有一定的实用指导意义。本书还将程序设计思路、方法和技巧融入形象化的模拟和讲解之中,有助于提高参加全国及省级计算机二级考试的读者的上机实践能力。

图书在版编目(CIP)数据

Visual Basic 实验指导与能力训练/刘颖,刘素敏,刘湘雯编著.--北京:清华大学出版社,2011.1

(21 世纪高等学校规划教材·计算机应用)

ISBN 978-7-302-24599-5

Ⅰ. ①V… Ⅱ. ①刘… ②刘… ③刘… Ⅲ. ①BASIC 语言-程序设计-高等学校-教学参考资料 Ⅳ. ①TP312

中国版本图书馆 CIP 数据核字(2010)第 248694 号

责任编辑:付弘宇
责任校对:白 蕾
责任印制:王秀菊

出版发行:清华大学出版社　　　　　　　　地　　址:北京清华大学学研大厦 A 座
　　　　　http://www.tup.com.cn　　　　邮　　编:100084
　　　　社　总　机:010-62770175　　　　邮　　购:010-62786544
　　　　投稿与读者服务:010-62795954,jsjjc@tup.tsinghua.edu.cn
　　　　质　量　反　馈:010-62772015,zhiliang@tup.tsinghua.edu.cn

印 装 者:北京国马印刷厂
经　　销:全国新华书店
开　　本:185×260　印　张:11　字　数:268 千字
版　　次:2011 年 1 月第 1 版　　印　　次:2011 年 1 月第 1 次印刷
印　　数:1～3000
定　　价:19.00 元

产品编号:034857-01

编审委员会成员

	孙　莉	副教授
浙江大学	吴朝晖	教授
	李善平	教授
扬州大学	李　云	教授
南京大学	骆　斌	教授
	黄　强	副教授
南京航空航天大学	黄志球	教授
	秦小麟	教授
南京理工大学	张功萱	教授
南京邮电学院	朱秀昌	教授
苏州大学	王宜怀	教授
	陈建明	副教授
江苏大学	鲍可进	教授
中国矿业大学	张　艳	副教授
武汉大学	何炎祥	教授
华中科技大学	刘乐善	教授
中南财经政法大学	刘腾红	教授
华中师范大学	叶俊民	教授
	郑世珏	教授
	陈　利	教授
江汉大学	颜　彬	教授
国防科技大学	赵克佳	教授
	邹北骥	教授
中南大学	刘卫国	教授
湖南大学	林亚平	教授
西安交通大学	沈钧毅	教授
	齐　勇	教授
长安大学	巨永锋	教授
哈尔滨工业大学	郭茂祖	教授
吉林大学	徐一平	教授
	毕　强	教授
山东大学	孟祥旭	教授
	郝兴伟	教授
中山大学	潘小轰	教授
厦门大学	冯少荣	教授
仰恩大学	张思民	教授
云南大学	刘惟一	教授
电子科技大学	刘乃琦	教授
	罗　蕾	教授
成都理工大学	蔡　淮	教授
	于　春	讲师
西南交通大学	曾华燊	教授

出 版 说 明

　　随着我国改革开放的进一步深化,高等教育也得到了快速发展,各地高校紧密结合地方
经济建设发展需要,科学运用市场调节机制,加大了使用信息科学等现代科学技术提升、改
造传统学科专业的投入力度,通过教育改革合理调整和配置了教育资源,优化了传统学科专
业,积极为地方经济建设输送人才,为我国经济社会的快速、健康和可持续发展以及高等教
育自身的改革发展做出了巨大贡献。但是,高等教育质量还需要进一步提高以适应经济社
会发展的需要,不少高校的专业设置和结构不尽合理,教师队伍整体素质亟待提高,人才培
养模式、教学内容和方法需要进一步转变,学生的实践能力和创新精神亟待加强。

　　教育部一直十分重视高等教育质量工作。2007年1月,教育部下发了《关于实施高等
学校本科教学质量与教学改革工程的意见》,计划实施"高等学校本科教学质量与教学改革
工程(简称'质量工程')",通过专业结构调整、课程教材建设、实践教学改革、教学团队建设
等多项内容,进一步深化高等学校教学改革,提高人才培养的能力和水平,更好地满足经济
社会发展对高素质人才的需要。在贯彻和落实教育部"质量工程"的过程中,各地高校发挥
师资力量强、办学经验丰富、教学资源充裕等优势,对其特色专业及特色课程(群)加以规划、
整理和总结,更新教学内容、改革课程体系,建设了一大批内容新、体系新、方法新、手段新的
特色课程。在此基础上,经教育部相关教学指导委员会专家的指导和建议,清华大学出版社
在多个领域精选各高校的特色课程,分别规划出版系列教材,以配合"质量工程"的实施,满
足各高校教学质量和教学改革的需要。

　　为了深入贯彻落实教育部《关于加强高等学校本科教学工作,提高教学质量的若干意
见》精神,紧密配合教育部已经启动的"高等学校教学质量与教学改革工程精品课程建设工
作",在有关专家、教授的倡议和有关部门的大力支持下,我们组织并成立了"清华大学出版
社教材编审委员会"(以下简称"编委会"),旨在配合教育部制定精品课程教材的出版规划,
讨论并实施精品课程教材的编写与出版工作。"编委会"成员皆来自全国各类高等学校教学
与科研第一线的骨干教师,其中许多教师为各校相关院、系主管教学的院长或系主任。

　　按照教育部的要求,"编委会"一致认为,精品课程的建设工作从开始就要坚持高标准、
严要求,处于一个比较高的起点上;精品课程教材应该能够反映各高校教学改革与课程建
设的需要,要有特色风格、有创新性(新体系、新内容、新手段、新思路,教材的内容体系有较
高的科学创新、技术创新和理念创新的含量)、先进性(对原有的学科体系有实质性的改革和
发展,顺应并符合21世纪教学发展的规律,代表并引领课程发展的趋势和方向)、示范性(教
材所体现的课程体系具有较广泛的辐射性和示范性)和一定的前瞻性。教材由个人申报或
各校推荐(通过所在高校的"编委会"成员推荐),经"编委会"认真评审,最后由清华大学出版

社审定出版。

目前,针对计算机类和电子信息类相关专业成立了两个"编委会",即"清华大学出版社计算机教材编审委员会"和"清华大学出版社电子信息教材编审委员会"。推出的特色精品教材包括:

(1) 21世纪高等学校规划教材·计算机应用——高等学校各类专业,特别是非计算机专业的计算机应用类教材。

(2) 21世纪高等学校规划教材·计算机科学与技术——高等学校计算机相关专业的教材。

(3) 21世纪高等学校规划教材·电子信息——高等学校电子信息相关专业的教材。

(4) 21世纪高等学校规划教材·软件工程——高等学校软件工程相关专业的教材。

(5) 21世纪高等学校规划教材·信息管理与信息系统。

(6) 21世纪高等学校规划教材·财经管理与计算机应用。

(7) 21世纪高等学校规划教材·电子商务。

清华大学出版社经过二十多年的努力,在教材尤其是计算机和电子信息类专业教材出版方面树立了权威品牌,为我国的高等教育事业做出了重要贡献。清华版教材形成了技术准确、内容严谨的独特风格,这种风格将延续并反映在特色精品教材的建设中。

清华大学出版社教材编审委员会
联系人:魏江江
E-mail:weijj@tup.tsinghua.edu.cn

前　言

　　本书是为"Visual Basic 程序设计"课程编写的配套教学用书。由于 Visual Basic(简称 VB)应用广泛,具有易于初学者掌握的特点,近年来不少高校已把 Visual Basic 程序设计语言作为大学生(甚至是中学生)的入门语言,全国及部分省市还把 Visual Basic 程序设计纳入计算机等级考试的科目,因此,编写出既能引起学生学习兴趣,又有助于通过等级考试,还能模仿开发出实用小程序的辅助教材就十分必要了。

　　本书各章都分为"知识要点"、"实验目的"、"模仿类实验"、"练习类实验"、"常见问题和错误解析"及"提高题与兴趣题"6 部分,选题典型、实用、有趣,解析系统、清晰、完整,有助于增强读者全面掌握计算机程序设计知识的信心,使读者有兴趣、有能力让计算机更个性化地为工作和生活服务。

　　本书配套资料包括所有模仿实验、提高题与兴趣题的程序源代码,可以从清华大学出版社网站 www. tup. tsinghua. edu. cn 上下载,或发邮件至 fuhy@tup. tsinghua. edu. cn 索取。

　　本书主要由江苏大学刘颖编写,刘素敏和刘湘雯参与了选题、调试及部分编写工作。在这里对所有付出辛勤劳动的教师表示谢意,对给予 Visual Basic 系列教材极大关心和帮助的江苏大学鲍可进教授、朱娜教授,以及南通大学的程显毅教授致以衷心的感谢。同时,也要感谢清华大学出版社付弘宇编辑对系列教材的策划、出版所做的一切工作。

　　本书在构思、选题上有一定的新尝试,但由于作者水平有限,时间紧迫,书中难免会出现问题甚至错误,恳请读者将宝贵意见和建议告知作者。

编　者

2010 年 10 月于江苏大学

目 录

第1章 Visual Basic程序设计语言导论

1.1 知识要点

1. Visual Basic 应用程序的构成

一个 Visual Basic(以下简称 VB)应用程序也称为一个工程,它由窗体、代码模块、自定义控件及应用程序所需的环境设置组成。在设计一个程序时,系统会建立一个扩展名为.vbp 的工程文件;工程文件列出了在创建该工程时所建立的所有文件的相关信息,如窗体文件(扩展名为.frm 或.frx),它包括窗体、窗体上的对象及窗体上的事件响应代码;再如标准模块文件(扩展名为.bas),它包括可被任何窗体和对象调用的过程代码,标准模块文件在一个工程中是可选的。除此之外,一个工程还可以包括自定义控件文件(扩展名为.ocx)、VB 类模块(扩展名为.cls)、资源文件(扩展名为.res)和用户文档(扩展名为.dob 或.dox)等。

初学时,一个 VB 程序只包含一个工程文件(扩展名为.vbp)和一个窗体文件(扩展名为.frm)。因此,保存一个 VB 程序前,应先建立一个专用文件夹,以便存放该程序的所有文件。

2. 基于 Windows 环境下的应用程序的工作方式——事件驱动

Windows 环境下的应用程序的用户界面都是由窗体、菜单和控件等对象构成的,各个对象的操作以及彼此之间的关联完全取决于操作者的操作顺序。也就是说,程序的运行并没有固定的顺序。Windows 程序的这种工作模式称为事件驱动方式。

所谓"事件",就是使某个对象进入活动状态(又称激活)的一种操作或动作。比如,用鼠标单击窗体上的某个菜单,就会打开相应的下拉式菜单;用鼠标双击某个文本文件的图标,就会打开该文本文件对应的窗口。鼠标的"单击"和"双击"都是"事件"。只要程序设计者为某个对象在某个事件发生时规定了计算机应当执行的各种操作(即程序代码),计算机就会执行这些操作。

用一个"事件"激活某个对象,随着该对象的活动会引发新的"事件",这个事件又可能使另一个"对象"被激活,对象之间就是以这种方式联系在一起的。

3. VB 集成开发环境简介

（1）进入 VB 集成开发环境（IDE）

① 单击"开始"按钮，选择"程序"菜单中的"Microsoft Visual Basic 6.0 中文版"，在弹出的级联菜单中选择"Microsoft Visual Basic 6.0 中文版"，如图 1-1 所示。

图 1-1　启动 VB 集成开发环境的方法一

② VB 启动后，出现"新建工程"对话框（见图 1-2），单击"打开"按钮，带有一个窗体的新工程将被创建，并可以看到 VB 集成开发环境的界面，如图 1-3 所示。

（2）认识 VB 集成开发环境

VB 集成开发环境的界面如图 1-3 所示。

4. VB 的三种工作模式

VB 集成开发环境一共有以下三种不同的工作模式，在标题栏上总会显示出当前的工作模式。

- "设计"模式：VB 中创建应用程序的大多数工作是在设计阶段完成的。在设计阶段，用户可以设计窗体界面、绘制

图 1-2　"新建工程"对话框

控件、编写代码并使用"属性"窗口来设置或查看修改属性设置值。

- "运行"模式：程序代码正在运行的阶段，用户可与应用程序交互。这个阶段用户可

控件工具箱　　　　　　　窗体　　　　　　　　　　工程资源管理器窗口

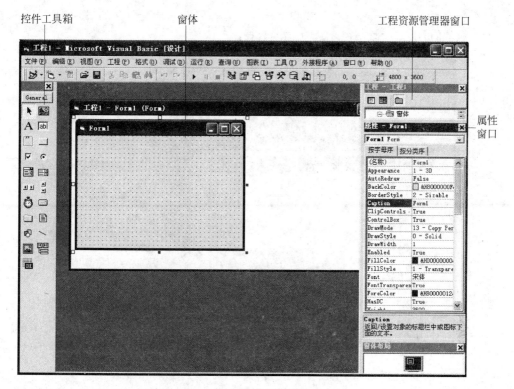

属性
窗口

图 1-3　VB 集成开发环境界面

以查看代码,但不能改动它。

- "中断"模式:程序在运行的过程中,由于某种原因,单击工具栏中的"中断"按钮 ▮▮ ,暂时中断程序的执行。在中断模式下,用户可以查看各变量及控件属性的当前值,从而了解程序执行是否正常。

1.2　实验目的

1. 掌握 VB 的启动方法;
2. 熟悉 VB 集成开发环境;
3. 了解一个最简单的 VB 应用程序的组成;
4. 了解借助 VB 集成开发环境编写一个 VB 应用程序的一般步骤;
5. 熟练掌握工具栏中"启动"按钮 ▶ 和"结束"按钮 ■ 的使用。

1.3　模仿类实验

【实验 1-1】

(1) 单击桌面上的"开始"按钮,选择"程序"菜单中的"Microsoft Visual Basic 6.0 中文版",在弹出的级联菜单中选择"Microsoft Visual Basic 6.0 中文版";或双击桌面上图标，进入 VB 集成开发环境。在出现的"新建工程"对话框中，接受默认的"标准 EXE"，单击"打开"按钮，即可进入程序设计状态（见图 1-4）。

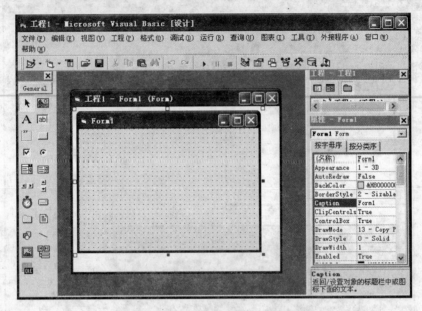

图 1-4　实验 1-1 的设计界面

（2）在图 1-4 右下角的属性窗口中，修改窗体的几个常用属性（见表 1-1），并观察窗体的变化。

（3）单击"启动"按钮 ▶ 运行程序。观察发现，窗体以正方形的形状出现在整个屏幕的左上角，最大化按钮变虚。图 1-4 标题栏内的"［设计］"变成了"［运行］"。单击"结束"按钮 ■ ，回到"设计"模式，将窗体的 Left 属性值由 0 修改成 5000，Top 属性值由 0 也修改成 5000，再单击"启动"按钮 ▶ 运行程序，发现窗体出现的位置与屏幕的左边界和上边界距离相同。单击"结束"按钮 ■ ，再次回到"设计"模式，双击窗体，出现如图 1-5 所示的窗体 Load 事件的代码窗口，在其中输入"Form1. Caption ＝ "编写代码""，即完整的程序代码为：

```
Private Sub Form_Load()
    Form1.Caption = "编写代码"
End Sub
```

表 1-1　修改窗体的部分常用属性值

属性名	属性值
Caption	开始了解 VB
MaxButton	False
Height	3000
Width	3000

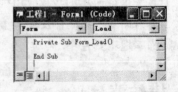

图 1-5　实验 1-1 的代码窗口

（4）再次单击"启动"按钮 ▶ 运行程序，发现窗体的标题栏由"开始了解 VB"变成了"编写代码"。

（5）在练习文件夹中建立文件夹"1"，单击"保存"按钮 ■ 保存程序，在弹出的"文件另存为"对话框(见图1-6)中将窗体、工程文件分别以 mf1.frm、mf1.vbp 保存到文件夹"1"中。
当弹出如图1-7所示的对话框时,单击 No 按钮。

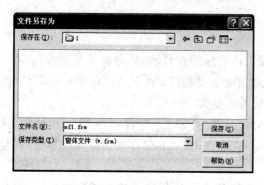

图1-6　保存对话框

图1-7　保存后出现的对话框

(6)单击整个 VB 集成开发环境窗口的"关闭"按钮,结束本程序的编写;或选择"文件"菜单下的"新建工程"命令,在出现的"新建工程"对话框中,选择"标准 EXE",单击"确定"按钮,开始一个新程序的编制,同时关闭前一个程序的窗口。

【说明】"Form1.Caption = "编写代码""是一个赋值语句(第2章、第3章、第5章将详细介绍),"="此时作赋值符号用,左侧代表窗体的标题属性,用小数点将窗体的名称 Form1 与标题属性名 Caption 连接起来,右侧是用西文双引号括住的字符常量(第5章将详细介绍)。执行此句后,会用字符常量的值替换掉窗体标题栏的默认值;执行程序时,系统会自动将窗体装载到内存中,此时将引发窗体的 Load()事件,因此,窗体的 Load()事件是自动触发的,一般用来对控件属性进行初始化操作。

【实验1-2】

(1)进入 VB 集成开发环境,新建一个工程。先修改窗体的名称属性值为"F1",再双击窗体,进入代码编辑窗口,出现窗体 Load 事件的过程体的首行和末行。单击事件下拉列表框 Load ▼ 右侧的下拉按钮,在出现的下拉列表框中,选中其中的 Click 事件和 DblClick 事件,则出现窗体 Click 事件(单击事件)和 DblClick 事件(双击事件)过程体的首行和末行(如图1-8所示)。

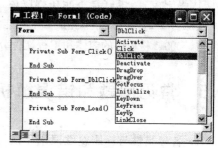

图1-8　实验1-2的代码编辑窗口

(2)在三个事件的过程体内,输入相应的程序代码,构成的完整程序如下:

```
Private Sub Form_Click()
    F1.Height = 3000
    F1.Width = 3000
    F1.Caption = "双击窗体变大"
End Sub

Private Sub Form_DblClick()
    F1.Height = 8000
    F1.Width = 13000
    F1.Caption = "单击窗体变正方"
```

```
     End Sub

     Private Sub Form_Load()
        F1.Caption = "单击窗体变正方"
     End Sub
```

（3）单击"启动"按钮 ▶ 运行程序，发现窗体的标题栏显示"单击窗体变正方"；单击窗体的任意部位（除标题栏以外），窗体的高度和宽度变得相同；再双击窗体的任意部位（除标题栏以外），窗体变大；再单击再变正方，再双击再变大，……。

（4）在练习文件夹中建立文件夹"2"，单击"保存"按钮 ▣ 保存程序，在弹出的"文件另存为"对话框中，将窗体和工程文件分别以 mf2.frm、mf2.vbp 保存到文件夹"2"中。在随后弹出的对话框中，单击 No 按钮。

【说明】窗体的名称属性值默认为 Form1，即使在设计状态下修改成其他值。比如，本程序中修改为 F1，其各种事件过程行的下划线"_"左侧始终是"Form"。单击事件过程、双击事件过程必须在用鼠标单击窗体或双击窗体后才被触发，执行其中的代码。

1.4 练习类实验

【练习 1-1】编写一个 VB 应用程序，先通过属性窗口修改窗体的一些常用属性：名称（Name）、Caption、MinButton、MaxButton 等，并观察窗体的相应变化，然后利用 Load 事件，使得程序一执行，窗体就呈正方形显示。最后将程序的窗体、工程文件分别以 Lx1.frm、Lx1.vbp 保存到一个专用文件夹中。注意，任何对象的名称属性只能在设计时修改，不能在程序代码中设置，也就是不能在程序运行时修改。

【练习 1-2】编写程序，完成如下功能：执行程序后，单击窗体，使得窗体的 Top 和 Left 属性均变为 5000。将程序的窗体和工程文件分别以 Lx2.frm、Lx2.vbp 保存到一个专用文件夹中。

1.5 常见问题和错误解析

1. 名称属性与标题属性混淆不清

凡是有标题（Caption）属性的对象，其默认值与其名称（Name）属性的默认值相同。而名称属性是标识一个对象的必要属性，就如同人的姓名一样，标题属性的作用则如同人穿的衣服。初学者常常混淆不清，题目中要求修改对象的标题属性，由于名称属性位于属性窗口的第一位，初学者一不小心就将其当成标题属性修改了，结果，到了程序中，用到名称属性时依然使用其默认值，系统就会报"要求对象"的实时错误。

2. 运行程序时报错，在运行状态下就急于修改

程序中出现的很多错误（详见第 2 章和附录），只有在单击启动按钮 ▶ 运行程序时，才会报错，一报错，初学者就急于修改，而系统不允许在"运行"模式下对程序进行修改，只能在关闭了报错对话框后，进入"设计"模式或"中断"模式后，才能进行修改。

1.6 提高题与兴趣题

【习题1-1】为了使用户界面更加美观,可以在"设计"模式下将窗体的Picture属性设置为一幅图片,方法是:单击属性窗口中Picture属性条右侧的 ... 按钮(见图1-9),在弹出的"加载图片"对话框中选择一个图片文件,再单击"打开"按钮即可(见图1-10)。但窗体的大小与图片的大小常常不匹配(见图1-11),因此,可以编程实现反复单击窗体,使窗体慢慢变大,直到图片完全显示(见图1-12)为止。

图1-9 属性窗口

参考程序如下:

```
Private Sub Form_Click()
    Form1.Width = Form1.Width + 150
    Form1.Height = Form1.Height + 100
End Sub
```

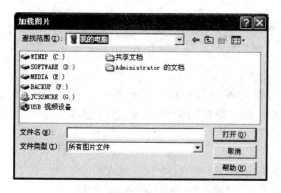

图1-10 "加载图片"对话框

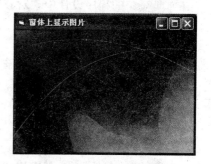

图1-11 执行初始界面

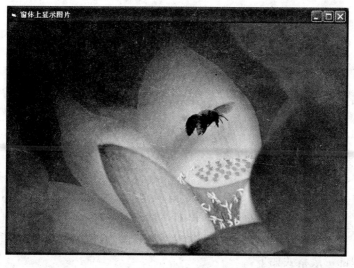

图1-12 单击窗体多次后的界面

第2章 对象及其操作

2.1 知识要点

1. 对象的属性、方法和事件

（1）对象

在面向对象的程序设计中，"对象"就是系统中的基本运行实体，是具有特定特性（属性）和行为方式（方法）的实体。

（2）属性

"属性"用于描述对象的特性。不同的对象有不同的属性。每一个对象都必须有名称（Name）属性，用来标识这个对象。除了用属性窗口设置对象属性外，还可以在程序中用语句来设置，一般格式如下：

　　对象名.属性名称 = 属性值

其中，"属性值"若不是数值、逻辑值（True|False），就是字符型常量，字符型常量必须用西文双引号括住。

（3）方法

"方法"指对象可以进行的动作或行为，也可以理解为指使对象动作的命令。面向对象的程序设计语言提供了一系列特殊的过程（称为一个个方法）供用户直接调用，这给用户编程带来了很大的方便。因为方法是针对对象的，所以在调用方法时，一定要指明对象。对象方法的调用格式为：

　　[对象.]方法 [参数表列]

若省略了"对象"，一般指当前窗体。有些方法有参数，有些则没有参数。

（4）事件

"事件"是由 VB 预先设置好的、能够被对象识别的动作。同一个对象可以识别一个或多个事件；不同的对象能够识别的事件通常不一样；同一种事件作用于不同的对象，会引发不同的响应，产生不同的结果，这就需要在各对象的事件过程体内编写不同的程序代码来实现。事件过程的一般格式如下：

　　Private Sub 对象名称_事件名称()

```
        事件响应程序代码
End Sub
```

其中,"对象名称"指的是对象的 Name 属性值,"事件名称"是由 VB 预先定义好的赋予该对象的、能识别的事件。在建立了一个对象(窗体或控件)后,VB 集成开发环境能自动确定与该对象相匹配的事件,并显示出来供用户选择。

2. 窗体及常用控件的常用属性、方法和事件

(1) 窗体

① 常用的窗体属性有 Name、Caption、Height、Width、Left、Top、Picture、BorderStyle、Enabled、Visible、Font、BackColor、ForeColor、Icon、MaxButton、MinButton,各主要属性的取值及其作用如表 2-1 所示。

表 2-1 窗体常用属性表

属性名	分类	描 述	默认值	能否在程序中设置
Name	名称	窗体对象引用名	Form1	否
Caption	外观	窗体标题	Form1	能
BackColor	外观	返回或设置对象中文本和图形的背景色		能
ForeColor	外观	返回或设置对象中文本和图形的前景色		能
BorderStyle	外观	返回或设置对象的边框样式	2	能,但无效
Enabled	行为	决定对象是否活动	True	能
Visible	行为	决定对象是否可见	True	能
Font	字体	用于设置文本对象的字体、字型、字号等		能,再加下一级属性
Moveable	位置	决定窗体能否被移动	True	否
Left	位置	对象左边界距容器坐标系纵轴的距离		能
Top	位置	对象上边界距容器坐标系横轴的距离		能
Width	大小	对象的宽度		能
Height	大小	对象的高度		能
Picture	外观	返回或设置对象中的图形		能

② 常用的窗体方法有 Print、Cls、Move、Show、Hide、PrintForm、Refresh,主要窗体方法及其功能如表 2-2 所示。

表 2-2 窗体常用方法表

方法名	功 能	方法名	功 能
Hide	隐藏窗体	PrintForm	打印窗体
Show	显示窗体	Refresh	刷新窗体
Move	移动窗体	Cls	清除窗体上的显示
Print	往窗体上显示输出		

③ 常用的窗体事件有 Click、DblClick、Load、Unload、Activate、Deactivate、Resize,各窗体事件及其功能如表 2-3 所示。

表 2-3　窗体常用事件表

事件名	含　义
Click	鼠标单击事件
DblClick	鼠标双击事件
Load	装载事件
Unload	卸载事件
Resize	在窗体被改变大小时,会触发本事件
Activate	激活事件,当窗体变为当前窗口时,触发本事件
Deactivate	失去激活事件

（2）命令按钮

常用的命令按钮属性：Name、Caption、Font、Height、Width、Left、Top、Enabled、Visible、Cancel、Default。

常用的命令按钮方法：SetFocus。

常用的命令按钮事件：Click、GotFocus、LostFocus。

（3）标签

常用的标签属性：Name、Caption、Font、Height、Width、Left、Top、Enabled、Visible、Alignment、AutoSize。

常用的标签方法：Refresh。

常用的标签事件：Click、DblClick、Change。

（4）文本框（文本框没有 Caption 属性）

常用的文本框属性：Name、Text、Font、Height、Width、Left、Top、Enabled、Visible、MultiLine、ScrollBars、PasswordChar、Alignment、MaxLength。

常用的文本框方法：Refresh、SetFocus。

常用的文本框事件：Click、DblClick、GotFocus、LostFocus、Change。

3. 创建 VB 应用程序的一般步骤

（1）创建应用程序界面。

（2）设置界面上控件的属性。

（3）编写控件事件过程的代码。

（4）保存应用程序。

（5）调试、运行程序。

4. 控件的添加、删除及窗体布局的调整

（1）控件的添加与删除

单击工具箱中的控件图标,把鼠标移到窗体上,光标变为"＋",在窗体的合适位置按住鼠标左键拖动,达到合适大小后松开鼠标,即可添加一个控件。若欲删除某个控件,只须先用鼠标单击选中该控件,然后按 Delete 键即可。

（2）将添加的多个控件调整为相同大小

一般情况下,在添加多个控件时希望大小一致,但通常在一个一个添加控件时,很难做

到大小相同。调整的方法如下。

① 将要调整的控件按住 Shift 键——选中。

② 最后选中大小满意的那个控件,则满意的控件被黑色小方块围住,不满意的控件被白色小方块围住,如图 2-1 所示。

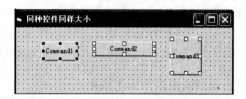

③ 选择"格式"菜单(见图 2-2)下"统一尺寸"中的"两者都相同",则各控件的大小就一致了。

图 2-1 选中控件后的效果图

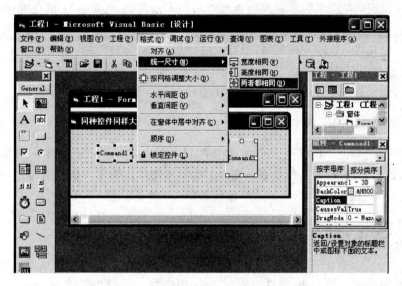

图 2-2 统一控件大小的菜单操作

④ 在窗体空白位置单击鼠标,方块消失。

(3) 对齐控件

在多个控件大小相同后,按住 Shift 键——选中欲对齐的控件,选择"格式"菜单下"对齐"中的相应对齐方式,即可让控件对齐。

(4) 调整控件间距

在多个控件大小相同且对齐后,按住 Shift 键——选中欲对齐的控件,再选择"格式"菜单下"水平间距"或"垂直间距"中的"相同间距",让各控件之间间距相等,从而使得控件大小相等、间距相等、排列整齐。

5. VB 程序的构成、保存与打开

(1) VB 程序的构成

在 VB 中,应用程序以".vbp"工程文件的形式保存,一个工程文件还必须包含一个或多个窗体文件".frm",即一个 VB 程序至少包含两个源文件:工程文件(.vbp)和窗体文件(.frm);复杂一点的程序则除工程文件和窗体文件外,还可以包含标准模块文件(.bas)、二进制文件(.frx 文件,当窗体上控件的属性含有二进制值,例如有图片或图标文件时,系统自动产生同名的.frx 文件)和类模块文件(.cls)等。

（2）VB程序的保存

因为一个 VB 程序含有多个文件,故建议为每个程序建立一个文件夹。保存时,一般先保存窗体文件,后保存工程文件。

（3）VB程序的打开

双击工程文件,系统会自动装入该程序的所有文件。

6. VB 程序的错误类型

在学习编写 VB 程序的过程中,会遇到各种错误,下面将常见错误分为三种类型(详见附录)。

- 语法错误:在程序编辑时系统会检查出输入错误(红色显示);或在编译时检查出语言成分错误,这时系统显示"编译错误"并提示用户修改(通常蓝色覆盖)。
- 运行时错误:程序编译通过,没有语法错误,但运行时报错,程序将停留在错误语句上,等待用户修改。
- 逻辑错误:程序运行后,结果与预期不同,可以设置断点进行调试。

7. VB 帮助系统的安装和使用

VB 6.0 联机帮助系统使用 MSDN 文档的帮助方式,与 VB 6.0 安装系统不在同一张光盘上。在 VB 安装过程中,系统会提示插入 MSDN 光盘。使用 VB 帮助时,可以先选中需要帮助的对象,再按 F1 键,即可显示与该对象相关的帮助信息。

2.2　实验目的

1. 熟悉对象的添加方法、属性设置方法,了解事件、方法的区别;
2. 了解常用控件：标签、文本框、命令按钮的一般应用;
3. 了解 Form_Load、Form_Click 和 Command1_Click 事件的作用;
4. 了解并掌握一个简单 VB 程序的建立、保存、调试和运行方法;
5. 学会编写简单代码。

2.3　模仿类实验

【实验 2-1】启动 VB 6.0,创建一个"标准 EXE"类型的应用程序,界面设计和运行效果如图 2-3、图 2-4 所示。

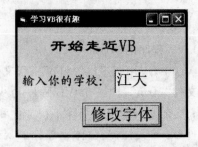

图 2-3　实验 2-1 的设计界面　　　　图 2-4　实验 2-1 的运行界面

【步骤】

(1) 进入 VB 集成开发环境,在出现的"新建工程"对话框中,默认选中"标准 EXE",单击"打开"按钮,即可进入程序设计状态(若已经编写了一个程序,欲编写下一个程序,则选择"文件"→"新建工程"菜单命令,在出现的"新建工程"对话框中,选择"标准 EXE",单击"确定"按钮)。

(2) 在窗体上建立 2 个标签、1 个文本框、1 个命令按钮;在属性窗口中对控件各相关属性进行设置,如表 2-4 所示。

表 2-4　属性设置

控 件 名	属 性 名	属 性 值
Form1	Caption	学习 VB 很有趣
Label1	Caption	开始走近 VB
	Font	二号隶书
Label2	Caption	输入你的学校:
	Font	三号楷体
Command1	Caption	修改字体
Text1	Text	江大

(3) 双击命令按钮,在代码窗口中建立事件过程:

```
Private Sub Command1_Click()
    Command1.FontSize = 20
    Text1.FontSize = 20
End Sub
```

(4) 将窗体、工程文件分别以 mf1. frm、mf1. vbp 保存到外存中。当弹出如下对话框(见图 2-5)时,单击 No 按钮。

(5) 单击"启动"按钮 ▶,运行程序。若程序有错,单击"结束"按钮 ■,回到"设计"模式进行修改。

(6) 若对程序进行了修改,则最后再次单击"保存"按钮 💾 保存程序。

【解析】在程序中设置修改控件属性的方法是:

对象名.属性名=属性值

若对象是当前窗体,则通常可将其"对象名."省略。

【实验 2-2】编写一个程序,在文本框中显示单击窗体的次数(见图 2-6)。要求在程序执行初始,文本框中显示"请连续单击窗体多次,关注文本框的变化"。

图 2-5　保存后出现的对话框

图 2-6　实验 2-2 的运行界面

【解析】Form_Load 事件过程用于在程序中设置控件等的初态,本题中在此过程体中为文本框赋值"请连续单击窗体多次,关注文本框的变化",这样,程序一执行就能显示出需要显示的文字。无论窗体的名称是什么,其事件过程头部都显示"Form"字样。Val 为系统函数,其作用是将字符型数据转换成数值型(第 5 章介绍)。这说明文本框中的数据默认为字符型。

【步骤】

(1) 启动 VB,新建工程文件。

(2) 设计用户界面。在属性窗口中,修改窗体 Form1 的 Caption 属性值为"了解 Form_Load、Click 事件";在合适位置画一个标签,修改其 Caption 属性值为"单击窗体的次数:";再画一个文本框 Text1。双击窗体进入代码编辑窗口,编写如下代码。

```
Private Sub Form_Click()
    Text1.Text = Val(Text1.Text) + 1
End Sub
Private Sub Form_Load()
    Text1.Text = "请连续单击窗体多次,关注文本框的变化"
End Sub
```

(3) 单击"保存"按钮 ,将程序的窗体和工程文件分别以 mf2.frm、mf2.vbp 保存到一个专用文件夹中。

【实验 2-3】在名称为 Form1 的窗体上画两个文本框,名称分别为 T1、T2,程序执行初始,都没有内容。请编写适当的事件过程,使得在运行时,在 T1 中输入的任何字符,立即显示在 T2 中(如图 2-7 所示)。再画一个命令按钮,名称为 Cmd,标题为"清空",单击该命令按钮,能将两个文本框内容清空。

图 2-7 实验 2-3 的运行界面

【解析】由于文本框的 Text 属性的默认值不为空,为使得程序执行一开始文本框内没有内容,应该使用窗体的 Load 事件实现;当用户向文本框中输入新信息,或程序把 Text 属性设置为新值从而改变文本框的 Text 属性时,将触发 Change 事件。程序运行后,在文本框中每输入一个字符,就会引发一次 Change 事件。在本题中要求当在一个文本框中输入字符时在另一个文本框中立即显示该字符,就可以通过在文本框 T1 的 Change 事件中将 T1 的 Text 属性赋值给 T2 的 Text 属性,实现两个文本框中内容同步变化。

【步骤】

(1) 启动 VB,新建工程文件。

(2) 设计用户界面。单击工具箱中的文本框图标,在窗体的适当位置画一个文本框。画完后,文本框内自动标有 Text1。重复以上步骤,再添加一个文本框为 Text2。单击工具箱中的命令按钮图标,在窗体的适当位置画一个命令按钮 Command1。

(3) 设置属性。根据题意和图 2-7,修改窗体的标题(Caption)属性为"文本框练习"。单击 Text1,将其激活,在属性窗口中将其 Name 属性改为 T1。然后单击 Text2,使其变为活动控件,在属性窗口中将其 Name 属性改为 T2。最后单击命令按钮,使其变为活动控件,在属性窗口中将其 Name 属性改为 Cmd,将其 Caption 属性改为"清空"。设置完属性之后

就可以通过双击窗体进入代码编辑窗口,编写代码如下:

```
Private Sub Form_Load()
    T1.Text = ""
    T2.Text = ""
End Sub
Private Sub T1_Change()
    T2.Text = T1.Text
End Sub
Private Sub Cmd_Click()
    T1 = ""
    T2 = ""
End Sub
```

(4) 单击"保存"按钮 ■,将程序的窗体和工程文件分别以 mf3.frm、mf3.vbp 保存到一个专用文件夹中。

【实验2-4】在名称为 Form1 的窗体上画 1 个文本框 Text1,文本内容为"简单程序设计";再画 2 个命令按钮 Command1 和 Command2,标题分别为"放大"和"缩小",如图 2-8 所示。编写适当的事件过程,程序运行后,每单击 Command1 一次,文本框中文本的字体扩大 1.2 倍;每单击 Command2 一次,文本框中文本的字体缩小 1.2 倍。

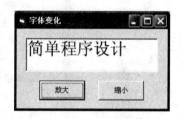

图 2-8 实验 2-4 的运行界面

【解析】本题主要考查文本框的 Font 属性,包括 FontSize(字体大小)、FontName(字体名称)、FontItalic(斜体)、FontBold(加粗)等,分别用来设置文本框中输入的文字的大小、字体、字形和加粗等。本题主要应用字体大小即 FontSize 属性。

【步骤】

(1) 启动 VB,新建工程文件。

(2) 设计用户界面。在窗体上添加 1 个文本框和 2 个命令按钮。

(3) 设置属性。修改窗体的 Caption 属性为"字体变化";修改文本框的内容(Text)属性为"简单程序设计"。修改第一个命令按钮的 Caption 属性为"放大",第二个命令按钮的 Caption 属性为"缩小"。设置完属性之后就可以通过双击命令按钮进入代码编辑窗口,进行代码设计如下:

```
Private Sub Command1_Click()
 Text1.FontSize = Text1.FontSize * 1.2
 '也可以改为: Text1.Font.Size = Text1.Font.Size * 1.2
End Sub
Private Sub Command2_Click()
 Text1.FontSize = Text1.FontSize / 1.2
End Sub
```

(4) 单击"保存"按钮 ■,将程序的窗体和工程文件分别以 mf4.frm、mf4.vbp 保存到一个专用文件夹中。

【实验2-5】在一切属性值默认的窗体上画两个文本框 Text1 和 Text2,程序执行初始文本框中都没有内容。再画一个命令按钮 Command1,标题为"转移焦点"。编写适当的事件过程,单击"转移焦点"按钮,使得焦点转到 Text2 中,其 GotFocus()事件就会被触发,在该事件过程中修改窗体的标题属性为"第二个文本框中已获得焦点",如图 2-9 所示。

图 2-9　实验 2-5 的运行界面

【提示】本题要注意:SetFocus 为方法,GotFocus 为事件。

【步骤】

(1) 启动 VB,新建工程文件。

(2) 设计用户界面。在窗体的适当位置画两个文本框 Text1 和 Text2,再画一个命令按钮 Command1,设置 Command1 按钮的 Caption 属性为"转移焦点"。

(3) 双击窗体,进入代码编辑窗口,编写如下程序代码:

```
Private Sub Form_Load()
    Text1 = ""
    Text2 = ""
End Sub
Private Sub Command1_Click()
    Text2.SetFocus
End Sub
Private Sub Text2_GotFocus()
    Form1.Caption = "第二个文本框中已获得焦点"
End Sub
```

2.4　练习类实验

【练习 2-1】在窗体 Form1 上绘制一个命令按钮,其名称为 Cmd1,标题为 Move,位于窗体的右下部。编写适当的事件过程,使程序运行后,每单击一次窗体,命令按钮都同时向左、向上移动 100。程序的运行情况如图 2-10 所示。

【练习 2-2】在窗体 Form1 上建立两个名称分别为 Cmd1 和 Cmd2、标题为"按钮一"和"按钮二"的命令按钮,运行界面如图 2-11(a)所示。要求程序运行后,如果单击"按钮二",则把"按钮一"移到"按钮二"下,使两个按钮重合,如图 2-11(b)所示。

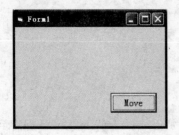

图 2-10　练习 2-1 的运行界面

(a) 初始界面　　　　　(b) 两个按钮重合

图 2-11　练习 2-2 的运行界面

【练习 2-3】编程不显示窗体的最大化、最小化按钮,再借助窗体的 Load 事件,让程序执行后,窗体的标题栏显示"最大化、最小化按钮不显示",如图 2-12 所示。(思考:窗体的MaxButton、MinButton 属性值可以在程序中修改吗?)

【练习 2-4】在名为 Form1 的窗体上画一个文本框,名称为 T1;再画一个命令按钮,名称为 C1,标题为"移动"。编写适当的事件过程,使得程序运行时,单击"移动"按钮,则文本框水平移动到窗体的最左端,且窗体的标题显示"文本框已经移动到最左端"(如图 2-13所示)。

图 2-12　练习 2-3 的运行界面

图 2-13　练习 2-4 的运行界面

2.5　常见问题和错误解析

1. 程序保存要注意的问题

(1) 由于一个最简单的 VB 应用程序也包含多个文件(至少一个工程文件(.vbp)和一个窗体文件(.frm)),故建议为每个程序建立一个专用文件夹。

(2) 当程序保存出现差错,需要重新保存时,必须分别选择"文件"菜单(见图 2-14)下的"工程另存为"和"Form1 另存为"命令对工程文件和窗体文件重新保存。

(3) 由于程序编写过程中经常会出现错误,为防止出错带来的各种麻烦而导致程序丢失,建议先正确保存程序后,再调试、运行。

2. 一个程序编写完毕,接着编写下一个程序

应该在正确保存前一个程序后,选择"文件"菜单下的"新建工程"命令,即可关闭已完成的程序,打开新程序的界面。而初学者易犯的错误是:选择了"文件"菜单下的"添加工程"命令。

3. 标点符号错误

在程序中只允许使用西文标点,一旦输入中文标点,会产生"无效字符"错误,且呈"红色"显示。

4. 混淆控件的 Name 属性和 Caption 属性

Name 属性值用于唯一地标识某一个对象,在窗体上不可见,而 Caption 属性值是在窗体上显示的内容。二者的默认值通常是一样的。

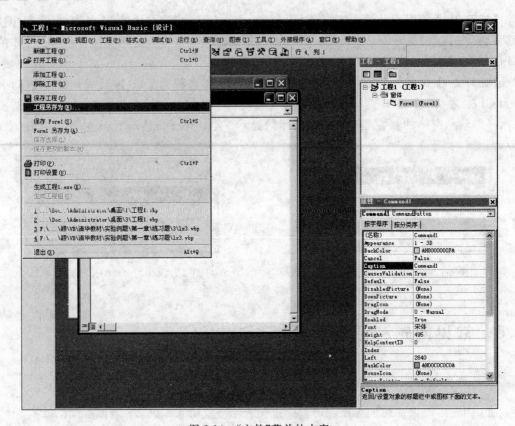

图 2-14　"文件"菜单的内容

5. 对象的名称等拼写错误

由于 VB 允许变量不定义就使用,故通常将拼写错误的控件名当成变量,而不报错,从而难以发现这样的错误。

【提醒】VB 通常自动将控件名的第一个字母呈"大写"状态,其余都是"小写"状态。

6. 打开工程时找不到所要的内容

(1) 打开程序后,看不到"窗体",此时,单击右上部分"工程资源管理器"中" ⊞ 📁 窗体 "左侧的" ⊞ ",展开后双击对应的窗体即可(见图 2-15)。

(2) VB 应用程序的工程文件记录该工程内的所有文件(窗体文件(.frm)、标准模块文件(.bas)等)的名称和在磁盘上所存放的路径信息。若初学者在保存程序时,遗漏了某个文件,下次打开工程时就会显示"文件未找到"的提示信息。也有初学者在 VB 集成开发环境外,利用 Windows 资源管理器将窗体文件等更名,而工程文件内所记录的还是原来的文件名,这样也会造成打开工程时显示"文件未找到"的提示信息。

解决此问题的方法:通过选择"工程"菜单的"添加窗体"命令,打开"添加窗体"对话框中的"现存"选项卡,将改名后的窗体加入工程即可(见图 2-16)。

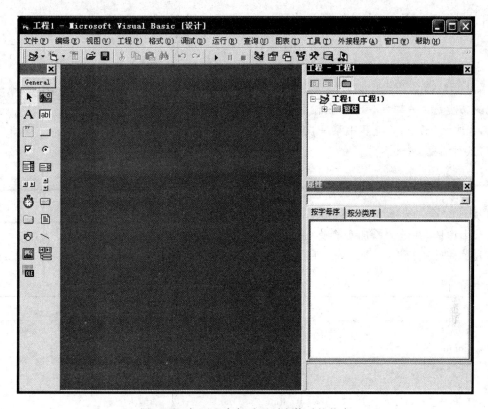

图 2-15 打开程序却看不到窗体时的状态

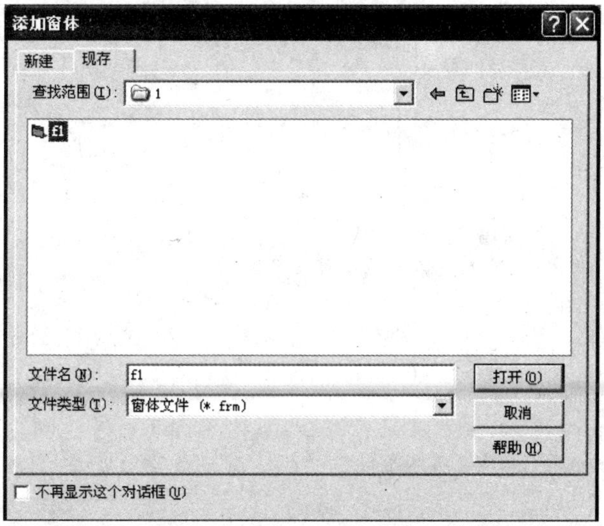

图 2-16 "添加窗体"对话框中的"现存"选项卡

2.6　提高题与兴趣题

本题目中牵涉到的有些知识要到以后才能完全理解,先模仿着了解一下。

【习题 2-1】编程模拟银行"密码输入界面"(见图 2-17),完成的功能是:一共有 5 次密码输入的权利,若 5 次输入全错,程序结束运行;若其中某一次输入正确,则出现"恭喜"信息对话框。

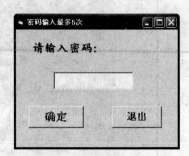

图 2-17　密码输入界面

【步骤】

(1) 在窗体上添加 2 个命令按钮、1 个标签、1 个文本框、1 个计时器。选择"工程"菜单中的"添加窗体"命令,添加第二个窗体,在其上添加 1 个标签。在属性窗口中对控件各相关属性进行设置,如表 2-5 所示。

表 2-5　属性设置

控 件 名	属 性 名	属 性 值
Form1	Caption	密码输入最多 5 次
Command1	Caption	确定
Command2	Caption	退出
Text1	PasswordChar	*
Label1	Caption	请输入密码:
Timer1	Interval	600
Form2 的 Label1	Caption	继续执行下面的程序内容……

(2) 分别双击两个命令按钮和计时器,在代码窗口中建立如下 3 个事件过程:

```
Private Sub Command1_Click()
    Const 输入次数 = 5
    Const 原始密码 = "123456"
    Static n As Integer
    n = n + 1
    If Text1.Text = 原始密码 Then
        MsgBox "恭喜你! 密码输入正确!", , "密码正确"
        Form1.Hide
        Form2.Show
    Else
        Label1.FontName = "隶书"
        Label1.FontSize = 22
        Label1.Caption = "请重新输入密码:"
        Text1.Text = ""
        Text1.SetFocus
    End If
    If n >= 输入次数 Then
        MsgBox "抱歉! 密码输入错误! 输入界面即将退出!", , "密码错误"
        Timer1.Enabled = True
```

```
    End If
End Sub

Private Sub Command2_Click()
    End
End Sub
Private Sub Timer1_Timer()
    End
End Sub
```

(3) 将窗体、工程文件分别以 xq1.frm、xq2.frm、xq1.vbp 保存到外存中。

(4) 单击"启动"按钮 ▶ 运行程序。若程序有错,单击"结束"按钮 ■,回到"设计"模式进行修改。

(5) 若对程序进行了修改,则最后再次单击"保存"按钮 🖫 保存程序。

【提示】Const 是用来定义符号常量的(类似于数学中用 π 表示圆周率,在第 5 章介绍);MsgBox 语句的功能是弹出"简单信息对话框"(在第 6 章介绍);计时器控件在程序执行后是不显示出来的,它的 Interval 属性值若设置成 1000,则会在 1 秒后触发其 Timer 事件(在第 3 章介绍);End 语句将结束整个程序;If 语句将在第 6 章介绍。

第3章 窗体与基本控件的使用

第 2 章介绍了标签、文本框、命令按钮等常用控件以及窗体的一般应用。本章除进一步详细介绍上述控件以外,还将介绍以下几类控件:图片框、图像框、直线和形状等图形控件,复选框、单选按钮、列表框和组合框等选择控件,滚动条、计时器、框架、驱动器列表框、目录列表框和文件列表框等控件,以及焦点与 Tab 顺序。

将这些控件集中在一起介绍,是为了查询及复习方便,有一些控件的应用要到后面的相应章节才能深刻理解和熟练掌握。

3.1 知识要点

1. 图片框、图像框、直线和形状控件

图片框(PictureBox)与图像框(ImageBox)都可以用来显示图形,图片框还可以作为容器,放置其他控件。图片框和图像框除具有 Name、Caption、Enabled、Height、Width、Left、Top、FontBold、FontItalic、FontName、FontSize、FontUnderline 等属性外,还共有一个重要属性 Picture,其值是加载到其中的图片。图片既可以在设计模式下加载,也可以在程序中用 LoadPicture 函数加载,或者用将一个图片框或图像框的图形赋值给另一个图片框或图像框的方式加载。格式如下:

图形控件名.Picture = LoadPicture("图形文件全名")

或

图形控件名 1.Picture = 图形控件名 2.Picture

图片框的 AutoSize 属性只能用于控制图片框的大小以适应图形(True)。图片框还能支持 Print、Cls、Circle 等方法。

图像框的 Stretch 属性用于确定是调整图像框的大小以适应图形(False),还是调整图形大小以适应图像框(True)。

利用直线(Line)和形状(Shape)控件可以使用户界面更丰富。二者除具有 Name、Visible、Left、Top、Height、Width 等属性外,还具有 BorderColor、BorderStyle、BorderWidth等共同的属性。

直线控件可以建立简单的直线,因而还有表示直线两端点坐标的 x1、y1、x2 和 y2 属性;

而形状控件还具有 BackStyle、FillColor、Shape 等重要属性。直线控件与形状控件的实际应用参见第 10 章、第 11 章兴趣题。

2. 图形方法

(1) Line 方法

Line 方法用于画直线或矩形，使用格式如下：

[对象.]Line [[Step](x1,y1)]-[Step](x2,y2)[,颜色][,B[F]]

其中，"对象"是指 Line 方法作用的位置，可以是窗体或图片框，默认为当前窗体；(x1,y1) 为线段的起点坐标或矩形的左上角坐标；(x2,y2) 为线段的终点坐标或矩形的右下角坐标；关键字 Step 表示采用当前作图位置的相对值；关键字 B 表示画矩形；关键字 F 表示用画矩形的颜色来填充矩形，F 必须与 B 一起使用。如果只有 B 不用 F，则矩形的填充色由 FillColor 和 FillStyle 属性决定。

【例 3-1】以下程序执行后，画出的 5 个图形效果如图 3-1 所示。

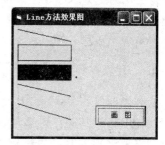

图 3-1 例 3-1 运行效果

```
Private Sub Command1_Click()
    Line (100, 100) - (1500, 400)
    Line (100, 500) - (1500, 900), , B
    Line (100, 1000) - (1500, 1400), , BF
    CurrentX = 100: CurrentY = 1500
    Line - (1500, 1800)
    CurrentX = 100: CurrentY = 2000
    Line - Step(1400, 400)
    'Line (100, 2000) - (1500, 2400) 与用前两句画出的效果一样
End Sub
```

(2) Circle 方法

Circle 方法用于画圆、椭圆、圆弧和扇形，使用格式如下：

[对象.]Circle[Step](x,y),半径[,[颜色][,[起始点][,[终止点][,长短轴比率]]]]

其中，(x,y) 为圆心坐标；圆弧和扇形通过起始点、终止点控制，采用逆时针方向绘图。起始点、终止点以弧度为单位，取值在 0～2π 之间。当在起始点、终止点加一负号时，表示画出圆心到圆弧的径向线。椭圆通过长短轴比率控制，默认值为 1 时，画出的是圆。

【例 3-2】以下程序执行后，画出的 3 个图形效果如图 3-2 所示。

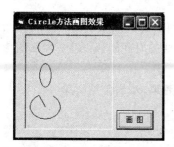

图 3-2 例 3-2 运行效果

```
Private Sub Command1_Click()
    Picture1.Circle (500, 300), 200
    Picture1.Circle (500, 1000), 300, , , , 2
    Picture1.Circle (500, 1800), 400, , -2, 1, 0.8
End Sub
```

（3）Pset 方法

Pset 方法用于在窗体或图片框指定位置上画点，使用格式如下：

[对象.]Pset [Step](x,y)[,颜色]

其中，(x,y)为所画点的坐标。利用 Pset 方法可以画出任意曲线。

3. 复选框、单选按钮和框架控件

单选按钮（OptionButton）、复选框（CheckBox）和框架（Frame）除具有 Name、Caption、Enabled、Height、Width、Left、Top、Font、Bold 等属性外，单选按钮和复选框还有 Alignment、Value、Style 等重要属性。其中，Value 属性用于检查复选框或单选按钮是否被选定。单选按钮的 Value 属性值是逻辑型的，而复选框的 Value 属性值是数值型的（取值为 0-没有选中；1-选中；2-被禁止），二者都能响应 Click 事件。

框架是一种容器控件，用于将窗体上的对象分组。框架提供了视觉上的区分和总体的激活/屏蔽特性。框架的 Enabled 属性若设置为 False，则其标题会变灰，其中所有的对象均被屏蔽而不可用。

4. 列表框和组合框控件

列表框（ListBox）和组合框（ComboBox）实质上就是存放字符串的数组，因此，在第 7 章"数组"中将对其进行详细介绍并综合应用。

二者常用的共同属性有 List、ListCount、ListIndex、Text、Style 和 Sorted。其中 Style 属性的含义完全不同，列表框的 Style 属性值为 1 或 0，表示各列表项前有或无复选框标志；组合框的 Style 属性值为 0、1 或 2，表示组合框的三种类型。

二者常用的共同方法有 AddItem、RemoveItem 和 Clear，二者都能响应 Click 和 DblClick 事件。

5. 滚动条控件

滚动条的主要属性有 Max、Min、Value、SmallChange 和 LargeChange，主要事件有 Change 和 Scroll。

6. 计时器控件

计时器（Timer）特有的属性是 Interval，它的值以 ms 为单位。另外，其 Enabled 属性与其他控件不同，当取值为 True 时，Timer 事件以 Interval 属性值的时间间隔发生；当取值为 False 或 Interval 属性值为 0 时，不会触发 Timer 事件。

可以利用计时器的 Timer 事件连续播放图片以达到动画效果，示例参见实验 3-5。

7. 焦点与 Tab 顺序

焦点是接收鼠标或键盘输入的能力。当一个对象具有焦点时，它才可以接收用户的输入。当对象获得焦点时，会触发 GotFocus 事件；而当对象失去焦点时，会触发 LostFocus 事件。窗体、命令按钮、文本框、复选框、单选按钮、滚动条、列表框、组合框、驱

动器列表框、目录列表框和文件列表框都可以获得焦点。但对于窗体而言,只有当窗体上的任何控件都不能接收焦点时,窗体才能接收焦点。控件可以通过 SetFocus 方法获得焦点。

Tab 顺序就是在按 Tab 键时焦点在控件间移动的顺序,凡是能接收焦点的控件都支持 Tab 顺序。通常,Tab 顺序由控件建立时的先后次序决定,但也可以通过对控件的 Visible、TabStop、TabIndex 属性值的修改来影响 Tab 顺序。

8. 驱动器列表框、目录列表框和文件列表框

在 Windows 应用程序中,打开或保存文件时通常会打开一个对话框,用来指定驱动器、目录路径和文件,方便用户查看系统的磁盘、目录和文件等信息。VB 为用户建立这样的对话框提供了 3 个控件:驱动器列表框(Drive ListBox)、目录列表框(Directory ListBox)和文件列表框(File ListBox)。具体应用见第 11 章。

3.2 实验目的

1. 熟练掌握标签、文本框、命令按钮的应用;
2. 掌握图片框、图像框、直线和形状等控件的基本应用;
3. 掌握复选框、单选按钮和框架的基本应用;
4. 掌握计时器、滚动条、焦点与 Tab 顺序的基本应用;
5. 了解列表框和组合框的基本应用,到相应章节再掌握其综合应用;
6. 了解驱动器列表框、目录列表框和文件列表框的作用,到相应章节再掌握其具体应用。

3.3 模仿类实验

【实验 3-1】参照图 3-3,在窗体上画 3 个框架,Caption 属性依次取值"大小"、"字体"和"字形";在"大小"框架内添加 3 个单选按钮,在"字体"框架内添加 3 个单选按钮,在"字形"框架内添加 2 个复选框;再画一个命令按钮"结束"。编程,在文本框中输入文字,单击单选按钮、复选框后,字体、字形、字号发生相应变化;单击"结束"按钮,终止程序的运行。

图 3-3 实验 3-1 运行界面

【解析】按照题意添加各个控件,并设置相应的属性值,参照图 3-3,将各控件放置到窗体的合适位置。单击各个单选按钮和复选框,进入各自的 Click 事件过程代码编写窗口,编写如下代码:

```
Private Sub Command1_Click()
    End
```

```
        End Sub
        Private Sub Check1_Click()
         If Check1.Value = 1 Then
          Text1.Font.Italic = True '斜体
         ElseIf Check1.Value = 0 Then
          Text1.Font.Italic = False
         End If
        End Sub
        Private Sub Check2_Click()
         If Check2.Value = 1 Then
          Text1.Font.Bold = True '粗体
         ElseIf Check2.Value = 0 Then
          Text1.Font.Bold = False
        End If
        End Sub
        Private Sub Option1_Click()
         If Option1.Value = True Then Text1.Font.Size = 12
         Text1.Refresh
        End Sub

        Private Sub Option2_Click()
         If Option2.Value = True Then Text1.Font.Size = 16
         Text1.Refresh
        End Sub
        Private Sub Option3_Click()
         If Option3.Value = True Then Text1.Font.Size = 18
         Text1.Refresh
        End Sub
        Private Sub Option4_Click()
         If Option4.Value = True Then Text1.Font.Name = "宋体"
         Text1.Refresh
        End Sub
        Private Sub Option5_Click()
         If Option5.Value = True Then Text1.Font.Name = "隶书"
         Text1.Refresh
        End Sub
        Private Sub Option6_Click()
         If Option6.Value = True Then Text1.Font.Name = "楷体_GB2312"
         Text1.Refresh
        End Sub
```

　　【实验 3-2】参照图 3-4，在窗体上画 1 个标签，将标签的标题（Caption）属性设置为"随滚动条移动"。再画 1 个水平滚动条，设置水平滚动条的 Min、Max 属性值为 0、3000，SmallChange 和 LargeChange 属性分别为 10 和 100。编程使得标签随滚动条上的滚动块的移动而移动（标签距窗体左边框的距离就是水平滚动条的起始位置）。

图 3-4　实验 3-2 运行界面

【解析】在窗体上添加 1 个标签和 1 个水平滚动条,按照题意设置相应属性,并放置在窗体的适当位置。然后双击命令按钮,进入代码编辑窗口进行代码设计:

```
Private Sub HScroll1_Change()
    Label1.Left = HScroll1.Value
End Sub
```

【实验 3-3】编程实现如下功能:程序执行初始,5 种球的名称显示在左边第一个列表框中;在任意一个列表框中双击,其中的一种球即刻转移到另一个列表框中,如图 3-5 所示。

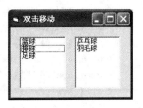

【解析】在窗体上添加两个列表框,利用 Form_Load 事件过程,将 5 种球的名称显示出来;并编写两个列表框的 DblClick 事件过程实现双向互移。程序代码如下:

图 3-5 实验 3-3 运行界面

```
Private Sub Form_Load()
    List1.AddItem "足球"
    List1.AddItem "排球"
    List1.AddItem "篮球"
    List1.AddItem "乒乓球"
    List1.AddItem "羽毛球"
End Sub
Private Sub List1_DblClick()
    List2.AddItem List1.Text
    List1.RemoveItem List1.ListIndex
End Sub
Private Sub List2_DblClick()
    List1.AddItem List2.Text
    List2.RemoveItem List2.ListIndex
End Sub
```

【实验 3-4】编程实现如下功能:利用组合框选出"你最喜欢的各大洲足球队",单击"选定"按钮,将所选球队输出到立即窗口中。

图 3-6 实验 3-4 运行界面

【解析】为了对组合框有比较深刻的印象,可以将 4 个组合框的 Style 属性设置为不同的值,比如将组合框 1 的 Style 属性设置为 1,将组合框 4 的 Style 属性设置为 2,另两个组合框的 Style 属性保持默认值 0。为了便于选择,可以在 Form_Load 事件过程中为各组合框添加选项;若所喜欢的球队没有出现在组合框中时,可以自行添加,如图 3-6 所示,但是,当 Style 属性为 2 时,不可以添加。

按题意设置各控件的属性后,进入代码编写窗口,编写以下代码:

```
Private Sub Command1_Click()
    Debug.Print "你最喜欢的各大洲足球队:"
    Debug.Print "欧洲:"; Combo1.Text
    Debug.Print "南美洲:"; Combo2
```

```
      Debug.Print "非洲:"; Combo3
      Debug.Print "亚洲:"; Combo4
    End Sub

    Private Sub Form_Load()
      Combo1.AddItem "德国"
      Combo1.AddItem "西班牙"
      Combo1.AddItem "葡萄牙"
      Combo1.AddItem "意大利"
      Combo1.AddItem "英格兰"
      Combo1.AddItem "法国"
      Combo1.AddItem "瑞士"
      Combo1.AddItem "瑞典"

      Combo2.AddItem "巴西"
      Combo2.AddItem "阿根廷"
      Combo2.AddItem "乌拉圭"
      Combo2.AddItem "巴拉圭"
      Combo2.AddItem "智利"

      Combo3.AddItem "加纳"
      Combo3.AddItem "南非"
      Combo3.AddItem "科特迪瓦"
      Combo3.AddItem "尼日利亚"

      Combo4.AddItem "日本"
      Combo4.AddItem "韩国"
      Combo4.AddItem "中国"
      Combo4.AddItem "澳大利亚"
      Combo4.AddItem "沙特阿拉伯"
      Combo4.AddItem "朝鲜"
    End Sub
```

【实验 3-5】利用 VB 中计时器控件的 Timer 事件设计一个交通红绿灯,实现红灯、黄灯、绿灯各亮 5 秒钟,并依次循环。

【解析】依题意在窗体上设置 3 个图像框、1 个计时器控件和 1 个命令按钮(见图 3-7)。然后设置三个图像框的 Picture 属性值分别为"当前路径下的 Trffc10a.ico"、"当前路径下的 Trffc10b.ico"和"当前路径下的 Trffc10c.ico"。注意,在图像框加载图像后的窗体界面中,一定要让三个图像框重叠(可以借助 VB 集成开发环境的"格式"菜单完成重叠操作)。设置完成后,单击"启动"命令按钮,编写如下程序代码:

图 3-7　实验 3-5 设计界面

```
    Private Sub Command1_Click()
      Timer1.Interval = 3000
    End Sub

    Private Sub Form_Load()
      Image1.Visible = False
```

```
    Image2.Visible = False
  End Sub

  Private Sub Timer1_Timer()
    If Image1.Visible = True Then
      Image1.Visible = False
      Image2.Visible = True
    ElseIf Image2.Visible = True Then
      Image2.Visible = False
      Image3.Visible = True
    Else
      Image3.Visible = False
      Image1.Visible = True
    End If
  End Sub
```

【实验3-6】编程实现如下功能：单击"添加"命令按钮，将从第一个文本框中输入的商品名称添加到组合框中；单击"统计"命令按钮，将组合框中的项目总数显示到第二个文本框中。运行界面如图3-8所示。

【解析】参照图3-8，在窗体的合适位置上添加2个标签、2个文本框、2个命令按钮和1个组合框，并设置相应的属性值。然后双击命令按钮，进入代码编写窗口，编写如下程序代码：

图3-8　实验3-6运行界面

```
Private Sub Command1_Click()
  Combo1.AddItem Text1.Text
  Text1 = "" '添加后，将 Text1 清空并获得焦点，以便输入下一项
  Text1.SetFocus
End Sub

Private Sub Command2_Click()
  Text2 = Combo1.ListCount
End Sub
```

图3-9　实验3-7运行界面

【实验3-7】编程实现如下功能：单击"交换图片"命令按钮，将窗体上两个图像框中的图片互换位置。要求两个图像框的顶端对齐，如图3-9所示（程序所在路径下有两个图形文件 hh.bmp 和 dls.bmp）。

【解析】由于图像框的 Stretch 属性取值为 False 时可以调整图像框的大小以适应图形大小，而 Stretch 属性的默认值就是 False，因此，添加两个图像框时，只须将二者的顶端对齐即可。为了将两个图像框中的图片互换，就犹如交换两杯水，需要借助一个空杯子一样，需要再添加第三个图像框以便帮助交换，而此图像框不应该显现出来，因此，首先在属性窗口中将其 Visible 属性设置为 False，然后，在程序中再使之变为 True，帮助交换后，必须随即再变为 False。参考程序代码如下（其中①、②、③三句完成交换功能）：

```
Private Sub Command1_Click()
    Image3.Visible = True
    Image3.Picture = Image1.Picture ' ①
    Image1.Picture = Image2.Picture ' ②
    Image2.Picture = Image3.Picture ' ③
    Image3.Visible = False
End Sub

Private Sub Form_Load()
    Image1.Picture = LoadPicture(App.Path & "\hh.bmp")
    Image2.Picture = LoadPicture(App.Path & "\dls.bmp")
End Sub
```

【思考】若将题中的图像框都改成图片框,效果会有什么差异呢? 主要的区别是:在添加两个图片框后,在属性窗口中将它们的 AutoSize 属性值修改成 True,这样才能使得图片框随图形的大小而变化。但是,若遇到两个图形的大小相差很大时,用图像框更有优势,只须将两个图像框画成一样大小,并将 Stretch 属性设置为 True,就可以让图形随图像框的大小而改变了。

【实验 3-8】编程实现如下功能:单击"添加"命令按钮,将从一个文本框中输入的唐诗逐句添加到另一个文本框和列表框中,如图 3-10 所示。

【解析】由于诗歌篇幅或长或短,故应给用以显示唐诗的文本框添加上水平滚动条和垂直滚动条,这就必须设置其 MultiLine 属性为 True,才可以多行显示。编写如下代码:

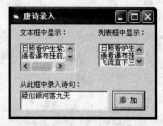

图 3-10   实验 3-8 运行界面

```
Private Sub Command1_Click()
    Text1 = Text1 & Text2 & vbCrLf
    List1.AddItem Text2
    Text2 = "" '添加后,再将 Text2 清空并获得焦点,以便输入下句
    Text2.SetFocus
End Sub

Private Sub Form_Activate()
    Text1 = ""
    Text2 = ""
    Text2.SetFocus
End Sub
```

【提示】由于文本框中总是有默认的 Text 属性值,故程序中用窗体的 Activate 事件首先将文本框的内容清空,并且将焦点设在第二个文本框中,以便于输入诗句。使用"Text1 = Text1 & Text2 & vbCrLf"往文本框中添加诗句时,注意用"Text1 &"将文本框中原有的诗句保留住,再用"& vbCrLf"给每句后加一个回车换行符。对比列表框和文本框可以发现,在显示多行文本时各有优势,列表框使用简单,但只能自动添加垂直滚动条,当文本篇幅比较大时,就看不全内容了;文本框虽然使用繁琐,但能看见所有内容。

3.4 练习类实验

【练习3-1】编程实现如下功能：每间隔1.5s就在窗体上显示"又过去了1.5秒!"（不允许在属性窗口中修改属性值，即用到的所有控件采用默认值，需要修改的属性值在过程中完成）。

【练习3-2】在窗体上画3个文本框和1个命令按钮，编程实现如下功能：程序运行一开始，让第二个文本框获得焦点，然后在其中输入任意内容，再单击命令按钮，将第二个文本框中的内容显示到第一个和第三个文本框中。

【练习3-3】在窗体上画1个图片框、1个命令按钮，所有属性都采用默认值。编程实现如下功能：程序运行一开始，就使得图片框中显示一个图形（假设图形文件与本程序同处于一个路径下），且命令按钮的标题变为"清除"；然后单击"清除"按钮，清除图片框中的图形。

【练习3-4】在窗体上画1个计时器和1个水平滚动条、1个命令按钮，编程实现如下功能：单击命令按钮，则按如下要求设置水平滚动条的属性：

Max = 窗体宽度、Min = 0、SmallChange = 10、LargeChange = 50

之后，如果移动水平滚动条的滚动块，则在窗体上显示滚动块的位置值。

3.5 常见问题和错误解析

1. 文本框中的内容无法换行显示或之前的内容无法保存

文本框也可以用来显示输出结果，但当显示内容很多时，应该分多行显示，甚至还应设置 ScrollBars 属性，加上垂直滚动条或水平滚动条。若想让文本框按多行方式输出结果，一来必须设置文本框的 MultiLine 属性为 True，二来必须在应该换行之处连接上回车换行符，即应在程序中书写这样的语句（假设文本框的 Name 属性为 Text1）来实现：

Text1.Text = Text1.Text & 输出对象 & vbCrLf

其中，"&"是字符连接符，"vbCrLf"是系统常量，起回车换行的作用，还可以用"Chr(13) & Chr(10)"代替。"13"是回车符的 ASCII 码值，"10"是换行符的 ASCII 码值（详见第5章）。

而初学者常常记得设置 ScrollBars 属性，也按上述格式给文本框赋值了，却依然无法换行显示，问题就出在忘记将文本框的 MultiLine 属性设为 True 了。

还有一种常见错误是，后放到文本框中的内容总是将之前的内容替换掉，出错的原因是将赋值号"="右侧的 Text1.Text 遗漏了（详见第5章赋值语句的讲解）。

2. 去除图片框和图像框中图形的方法不当

无论是在属性窗口还是在程序中为图片框或图像框加载了图片后，若欲去除其中的图片，初学者常常使用 Cls 方法等，却无法实现，正确的做法是在程序中输入如下代码：

图形控件名.Picture = LoadPicture("")。

Cls 方法只能清除图片框中使用 Print、Circle 等方法显示出来的内容。图像框不支持 Cls 方法。

【提示】图片框和图像框有如下区别。

(1) 图片框是"容器"型控件,其中还可以包含其他控件;而图像框不能包含其他控件。

(2) 图片框可以通过 Print 方法接收文本,也可以通过 Circle 等方法接收画出的图形,而图像框对这二者都不能接收。

(3) 图像框比图片框占用的内存少,显示速度快。

3. 计时器及其 Timer 事件过程无效

由于计时器的 Interval 属性的默认值为 0,而当计时器的 Interval 属性为 0 或 Enabled 属性为 False 时,计时器及其 Timer 事件过程是不起作用的。而初学者常常忘记设置 Interval 属性,因而会出现此现象。

4. 滚动条的 Scroll 和 Change 事件过程无效

单击滚动条两端的箭头不会触发 Scroll 事件,只有在拖动滑块时才会触发该事件,因此,操作不当也会造成编写的过程无效。

滚动条的 Change 事件是在其 Value 属性值改变时发生的,拖动滑块过程中 Value 属性值不变,因而 Change 事件过程无效是正常的。但是,滑块拖动结束时 Value 属性值会改变,会触发 Change 事件。

5. 各种不同控件中的输出内容的清除方法容易混淆

(1) 清除窗体、图片框中的内容,使用 Cls 方法。例如:

```
Form1.Cls (窗体名可以省略)
Picture1.Cls (不能清除其 Picture 属性值)
```

(2) 清除文本框中的内容,使用赋值语句,将空字符串赋给文本框。例如:

```
Text1.Text = ""
```

(3) 清除列表框、组合框中的内容,使用 Clear 方法。例如:

```
List1.Clear
Combo1.Clear
```

6. 窗体的 Load 事件与 Activate 事件的区别

窗体的 Load 事件在窗体被加载到内存时触发,窗体的 Activate 事件是当窗体变为当前窗口时触发。因此对于单窗体的程序,Load 事件发生在 Activate 事件之前,例如,执行如下程序后,窗体的标题显示"是由 Activate 改变的"。

```
Private Sub Form_Activate()
    Form1.Caption = "是由 Activate 改变的"
End Sub
```

```
Private Sub Form_Load()
    Form1.Caption = "是由 Load 改变的"
End Sub
```

由于二者都是在程序运行的一开始就被自动触发的,所以经常被用来进行一些初始化工作(比如,给变量和对象属性赋初值,给列表框和组合框赋予诸多表项等)。但是,由于在窗体的 Load 事件完成前,窗体或窗体上的控件是不可见的,因此,不能在 Form_Load 事件过程中完成诸如用 SetFocus 方法设置控件的焦点等操作,除非在该事件过程中先用 Form1.Show 先使窗体可视,再对其上控件设置焦点。或在 Activate 事件过程中,完成设置焦点等功能。又如,可将本章实验 3-8 中的 Activate 事件过程用以下 Load 事件过程代替:

```
Private Sub Form_Load()
    Text1 = ""
    Text2 = ""
    Form1.Show
    Text2.SetFocus
End Sub
```

3.6 提高题与兴趣题

【习题 3-1】本程序所在路径下有 8 幅可用来模拟月圆月缺过程的图标文件(见图 3-11)。在窗体上画 1 个计时器和 2 个命令按钮,再画 1 个由 8 个图片框控件组成的控件数组(设置 AutoSize 属性值为 True),依次显示 8 幅月亮图,并让后者覆盖前者,最终 8 个图片框完全重叠(可借助 VB 集成开发环境的"格式"菜单完成)。然后编程实现如下功能:单击"开始"按钮,各个图片框每隔 0.5 秒依次循环出现,动态模拟出月圆月缺的过程;单击"停止"按钮,停止模拟,如图 3-12 所示。

图 3-11 8 幅图标文件中的图形

图 3-12 习题 3-1 运行界面

【解析】为了提高初学者学习 VB 的兴趣,本题用到了后几章的知识,所以只要能基本理解就可以了,待后几章学习后,再回过来练习。

```
Private Sub Form_Load()
    For k% = 1 To 7                    'For 语句用法见第 6 章
        Picture1(k).Visible = False    '控件数组见第 7 章
    Next k
End Sub

Private Sub Command1_Click()
    Timer1.Enabled = True
```

```
      Timer1.Interval = 500
   End Sub

   Private Sub Command2_Click()
      Timer1.Enabled = False
   End Sub

   Private Sub Timer1_Timer()
      Static i As Integer            '静态变量的用法见第 5 章和第 8 章
      Picture1(i).Visible = False
      i = i + 1
      If i = 8 Then                  'If 语句用法见第 6 章
         i = 0
      End If
      Picture1(i).Visible = True
   End Sub
```

第 4 章

程序设计基础

通过前 3 章的模仿、练习,初学者已经了解到编制一个 VB 应用程序的基本要领,发现最难的部分在于"代码编写",从本章开始,读者将系统学习程序设计的核心——"编写代码",即通常所说的编程。

4.1 知识要点

1. 程序的灵魂——算法

如同写命题作文前要"先审题,再构思,最后成文"一样,编制一个应用程序,也应该"先弄清楚问题所在,再想好解决问题的办法(即操作方法、步骤),最后用某一计算机语言编写代码"。写作文的难点是"构思",编程序的难点在于"想到解决问题的办法",而"解决问题的办法"就是"算法"的通俗说法。

广义而言,算法是解决问题或处理事情的方法和步骤。

狭义而言,算法专指用计算机解决某一问题的方法和操作步骤。

可见,"算法"是程序的核心。著名计算机科学家沃思(Nikiklaus Wirth)就提出过一个公式:程序=算法+数据结构。所谓"数据结构",通俗地说就是"数据间的组织关系",数据结构的重要性在第 7 章"数组"会体会得多一点。

计算机算法可以分为两大类:一类是数值计算算法,主要是解决一般数学解析方法难以处理的一些数学问题,如求解超越方程的根、求定积分、解微分方程等;另一类是非数值计算算法,如对非数值信息的排序、查找等。

算法具有五大特性:有效性、确定性、有穷性、零个或多个输入、一个或多个输出。

2. 算法的三种基本结构

1966 年,Bohra 和 Jacopini 提出了用以下三种基本结构作为表示一个良好算法的基本单元。

(1) 顺序结构(如图 4-1(a)所示)。

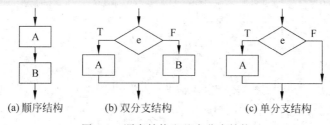

(a)顺序结构　　(b)双分支结构　　(c)单分支结构

图 4-1　顺序结构和基本分支结构

（2）选择结构（又称分支结构）。选择结构有三种形式：单分支、双分支和多分支。如图 4-1（b）、图 4-1（c）和图 4-2 所示。

（3）循环结构（又称重复结构）。循环结构有两种常见形式：当型循环，"先判断、后执行"；直到型循环，"先执行、后判断"，如图 4-3 所示。

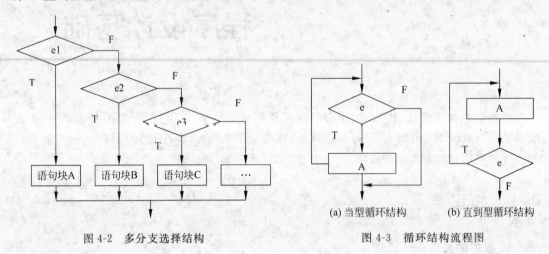

图 4-2　多分支选择结构

图 4-3　循环结构流程图

理论上已经证明，无论多么复杂的问题，其算法都可表示为这三种基本结构的组合。依照结构化的算法编写的程序或程序单元（如过程），其结构清晰、易于理解、易于验证其正确性，也易于查错和排错。这就是所谓的"结构化程序设计方法"。

3. 描述算法的方法

算法是程序的核心，在初学者对 VB 还不熟悉的前提下，如何给予算法提示呢？即使日后对 VB 非常熟悉了，遇到较难的算法，也需要先描述出算法后再编写代码。描述算法的常用方法有：自然语言、传统流程图、N-S 结构化流程图、伪代码等。其中，最常用又简洁明了的是传统流程图和 N-S 结构化流程图。

（1）传统流程图

图 4-4 给出的是流程图中常用的图形符号，图 4-1、图 4-2、图 4-3 是用这些图形符号描述的三种基本结构。

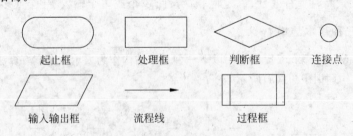

图 4-4　流程图中常用图形符号

由图 4-1～图 4-3 可以发现，三种标准基本结构的共同特点如下。

- 只有单一的入口和单一的出口；
- 结构中的每个部分都有执行到的可能；

• 结构内不存在永不终止的死循环。

由流程图还可以发现,图形清晰明了,容易理解,适合初学者使用；但图中箭头多,算法复杂时,图形占的篇幅也大。

(2) N-S 结构化流程图

1973 年美国学者 Nassi 和 Shneiderman 提出了一种新的流程图方式。这种形式将全部算法写在一个矩形框内,大框内包含从属的小框。图 4-5 给出了三种基本结构的 N-S 图。完全去掉了传统流程图中的箭头。

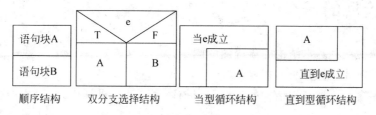

图 4-5　三种基本结构的 N-S 图

(3) VB 对应的语句格式(详见第 6 章)

① 顺序结构语句

```
语句块 A
语句块 B
```

② 单分支选择结构语句

```
If 条件表达式 e Then
    语句块 A
End If
```

③ 双分支选择结构语句

```
If 条件表达式 e Then
    语句块 A
 Else
    语句块 B
 End If
```

④ 多分支选择结构语句

```
If 条件表达式 e1 Then
    语句块 A
Else If 条件表达式 e2 Then
    语句块 B
Else If 条件表达式 e3 Then
    语句块 C
Else
    …
End If
```

⑤ 当型循环结构语句

```
Do
```

```
    循环体语句块 A
Loop Until 条件表达式 e
```

⑥ 直到型循环结构语句

```
Do While 条件表达式 e
    循环体语句块 A
Loop
```

4.2　实验目的

1. 熟练掌握三种基本结构的流程图的画法；
2. 初步了解计算机算法的特点；
3. 学习用含有三种基本结构的流程图来描述简单计算机算法。

4.3　模仿类实验

【实验 4-1】用传统流程图描述如下算法：任意读入一个正整数 x,判断 x 是奇数还是偶数。

【解析】首先要正确读入 x,即确保 x 是正整数(有许多问题,一旦输入有错,就无意义了。至于如何确保读入正确,或读入出错了如何处理,将在第 6 章中探讨)；然后用双分支选择结构进行判断输出,若 x 除以 2 的余数与 0 相等,就输出"x 是偶数",否则输出"x 是奇数"。对应的流程图如图 4-6 所示。

【实验 4-2】用传统流程图描述如下算法：计算 $1+1/2+1/3+\cdots+1/100$ 的和。

【解析】最简单的方法就是将每一项依次相加,一共加上 100 项,每一项正好是项次的倒数。将和存放到变量 S 中(S 的值一直在变化),用 k 表示项次,控制累加的次数,构成一个循环结构,k 的值从 1 开始到 100 终止,每次递增 1。这个算法对应的流程图如图 4-7 所示。

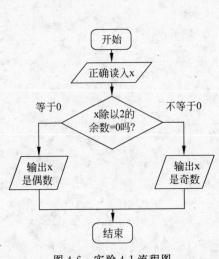

图 4-6　实验 4-1 流程图

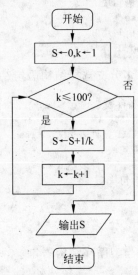

图 4-7　实验 4-2 流程图

4.4　练习类实验

【练习 4-1】用传统流程图描述如下算法：任意读入两个数 x、y，然后按从小到大的顺序输出它们。

【练习 4-2】用传统流程图描述如下算法：计算 $2+4+6+\cdots+100$ 的和。

4.5　常见问题和错误解析

1. 混淆选择结构和循环结构的流程图

由于选择结构流程图与循环结构流程图中，都有菱形判断框，初学者常常会混淆不清，一般容易将本该应用循环结构描述的流程图错画成了选择结构。仔细对比可以发现，循环结构的流程线构成一个圈；而选择结构流程线的走向总是往下(前)的。

2. 在描述整个算法时忽略了输出

算法既是程序的核心所在，也是程序的难点所在，因而初学者在考虑算法的处理要领时，常常会忽略了最简单也是最重要的输出，有时是忘记了输出，有时由于题目中没有明确指出输出对象而遗漏了一些输出对象。因此，学习程序设计最重要的就是"上机调试"，在学习第 5 章、第 6 章之后，就可以用 VB 的程序代码描述算法、上机调试了，从而可以看到运行结果，就不容易忽略输出了。

4.6　提高题与兴趣题

【习题 4-1】用传统流程图描述如下算法：用短除法计算两个正整数 a、b 的最大公约数 gys。

算法提示：假设 a≤b

i	a	b
2	36	48
2	18	24
3	9	12
	3	4

输出：$gys = 2 \times 2 \times 3 = 12$

【解析】两个正整数 a、b 的最大公约数最小可能是 1(存放最大公约数的变量 gys 的初值为 1，同时兼作累乘器用，详见第 6 章)，最大可能是二者中的小者。因此，为了简化算法，本题在正确读入两数后，首先要使 a≤b，具体做法是：若 a>b，则借助第三数交换二者的值(如同借助空杯子交换两杯水一样)。再求得二者所有的公共质因子，并且将所有的公共质因子相乘,即可求得两数的最大公约数。

可能的最小质因子是 2,因此,i 从 2 开始变化到 a,构成一个循环结构,其中又套着一个选择结构,处理时要特别仔细。参考流程图见图 4-8。

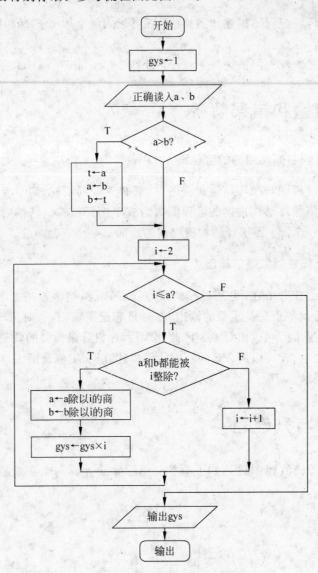

图 4-8　习题 4-1 流程图

第5章

Visual Basic的数据类型

算法仅仅提供了解决某类问题可采用的方法和步骤,还必须使用某种计算机程序设计语言把算法描述出来。也就是说,要使用某一种程序设计语言所提供的语言成分,根据语言的特点,并利用语言提供的各种工具和手段,遵照规定的语法规则去实现算法,这就是所谓的程序编码。从本章开始系统介绍 VB 语法。

5.1 知识要点

1. VB 的数据类型(见图 5-1)

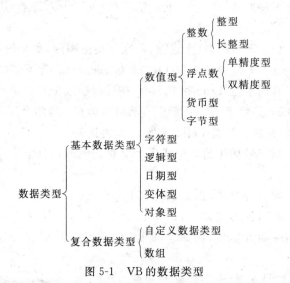

图 5-1　VB 的数据类型

本章只介绍基本数据类型的特点和应用,复合数据类型在第 7 章介绍。

经常使用的数据类型有整型、单精度型、字符型和逻辑型(即布尔型)。当整型、单精度型数据范围不够大时,可使用长整型和双精度型。变体型数据类型因为可以存放任何类型的数据,由所赋值的类型决定,所以用得也很多。

编程时如何选定数据类型?应当在确保程序正确的前提下,兼顾程序的时空效率,因此,了解各种数据类型的数据范围及所占字节(见表 5-1)是必要的。

表 5-1　VB 的基本数据类型

数据类型	关键字	类型符	占用字节	范　围
字节型	Byte	无	1	0～255
逻辑型	Boolean	无	2	True、False
整型	Integer	%	2	−32 768～32 767
长整型	Long	&	4	$-2^{31}\sim2^{31}-1$
单精度型	Single	!	4	$-3.4\times10^{38}\sim3.4\times10^{38}$ 精度 7 位
双精度型	Double	#	8	$-1.7\times10^{308}\sim1.7\times10^{308}$ 精度 15 位
货币型	Currency	@	8	$-2^{63}\times10^{-4}\sim2^{63}\times10^{-4}$
日期型	Date	无	8	01-01-100～12-31-9999
字符型	String	$	同串长	0～65 535 个字符
对象型	Object	无	4	各控件对象等
变体型	Variant	无	≥16	未声明变量的默认类型

2. 常量

在 VB 中有三种常量：普通常量，自定义符号常量，系统提供的符号常量。

（1）普通常量（依据书写来区别）

① 整型常量：有三种形式，如 369（十进制）、&H8F（十六进制，以 &H 开头）、&O127（八进制，以 &O 或 & 开头）。

② 长整型常量：123456、123&（十进制，若在整型范围内，则必须加后缀 &）；&H8F&（十六进制，以 &H 开头，以 & 结束）；&O127&（八进制，以 &O 或 & 开头，以 & 结束）。

③ 逻辑常量：只有两个值 True 和 False。在逻辑型数据与数值型数据发生运算时，系统自动将 True 转换成 −1,将 False 转换成 0,然后再运算；当两个逻辑值进行比较运算时，也是先自动将 True 转换成 −1,将 False 转换成 0,再比较。

④ 字符串常量：双引号括住的 0 个或多个字符。例如，""（空字符串,含有 0 个字符）、"Hello"、"123456"。

⑤ 单精度常量：有三种形式，如 1.25、125!、1.25E−2。

⑥ 双精度常量：有两种形式，如 1.25#、1.25D−2。

⑦ 日期常量：用一对 # 括住，例如 #08/08/2008#；也可以表示时间，例如 #10:50:18 PM#。

（2）用户自定义符号常量（命名规则同变量名）

定义形式：

Const 符号常量名 [as 类型名] = 常量表达式

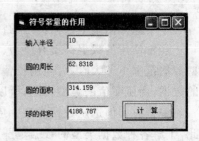

定义符号常量的作用主要有两个：① 简化书写。② 便于修改。

【例 5-1】程序界面如图 5-2 所示，编程计算圆的周长、面积，对应球的体积（π 取值 3.141 59）。

图 5-2　例 5-1 参考界面

```
Private Sub Command1_Click()
   Const PI!= 3.14159
   Dim r!, c!, s!, v!
   r = Text1
   c = 2 * PI * r
   s = PI * r ^ 2
   v = 4 / 3 * PI * r ^ 3
   Text2 = c
   Text3 = s
   Text4 = v
End Sub
```

【提示】定义"PI！＝3.141 59"，一来可将"3.141 59"简写成 PI，二来当 π 的精度发生变化时，只要修改 Const 语句即可。

（3）系统提供的符号常量

只要正确书写出系统常量名即可使用，系统符号常量一般以"vb"开头，例如：vbCrLf，表示回车换行的意思。

3. 变量

变量有三大基本要素：变量名，类型，值。

（1）变量命名规则

以字母或汉字开头，由字母、汉字、数字字符或下划线组成，长度不超过 255 个字符。

注意：变量名不能与 VB 中的关键字（比如 Dim、Const 等）同名。另外，VB 不区别变量中字母的大小写，即 num 与 Num 是同一个变量。

建议为了书写简便，变量名中尽量不用汉字。为了增强程序的可读性，尽量使用望文生义的变量名，例如用 Score 或 Cj 表示成绩；或使用一些大家习惯的变量名，例如用 i 表示循环控制变量等（详见第 6 章）。

（2）变量的声明

① 隐式声明。VB 允许变量不经声明就使用，此时，变量为变体型。

② 显式声明。用 Dim、Static、Private、Public 等声明语句显式声明。例如，本章应掌握的 Dim 语句格式如下：

Dim 变量名 [As 类型名]

若省略了"As 类型名"，则变量为变体型。

建议：由于变体型变量有一些弊端，如占用空间大；类型随所获得值的改变而变化，容易造成失误，所以最好养成变量"先声明后使用"的好习惯。若强制要求必须声明变量，只须在"代码编辑窗口"的"通用声明段"加上以下语句：

Option Explicit

（3）变量的默认值

VB 中变量在获得合适值之前，都有一个默认值，各类型变量的默认值见表 5-2。

注意：空串和空格串是不一样的，空串的双引号之间没有字符，空格串的双引号之间至少有一个空格符。

表 5-2　变量的默认值

变量的类型	默认值	变量的类型	默认值
数值型	0	日期型	♯0:00:00♯
逻辑型	False	变体型	Empty
变长字符串	空串""	对象型	Nothing
定长字符串	给定串长对应的空格串		

另外,变量还有"存储类别和作用域"等要素,本章只作简要介绍,详见第 8 章"子过程与函数过程"。

4. 静态变量的特点

在过程体内声明变量,除了 Dim 语句外,还可以使用 Static 语句,声明格式同 Dim 。二者声明的变量有一个明显的区别:用 Dim 声明的变量,每调用其所在的过程一次,该变量就被重新初始化一次,即恢复默认值;用 Static 声明的变量,只在其所在过程第一次被调用时被初始化,获得默认值,其后的每一次调用,该变量保持上一次调用结束时的值。或者说,用 Dim 声明的变量,每当调用所在过程时占用(被分配)内存空间,一旦调用完毕,就释放(被收回)所占空间,再次调用,重新占用(被分配)内存空间,调用完毕,再次释放(被收回)所占空间;而用 Static 声明的变量,程序执行过程中始终占据空间,保留变量的值。例如:

```
Option Explicit
Private Sub Command1_Click()
  Dim x%
  Static y%
  x = x + 1
  y = y + 1
  Print "这"; x; "次单击是第"; y; "次单击命令按钮!"
End Sub
```

单击 5 次后的输出结果见图 5-3。

【提示】变量 x 是用 Dim 声明的,每单击一次命令按钮,就被初始化成 0,故执行"x＝x＋1"后总是为 1;而变量 y 是用 Static 声明的,只在第一次单击命令按钮时,被初始化成 0,执行"y＝y＋1"后为 1,保留 1 到第二次单击时,执行"y＝y＋1"后为 2,以此类推。

图 5-3　Static 变量例题执行界面

5. 运算符及优先级

通过运算符将各种数据连接成表达式,以便完成程序中需要的大量运算。VB 提供了丰富的运算符,主要划分为 5 类:算术运算符、字符串运算符、关系运算符、逻辑运算符和赋值运算符。前 4 类运算符一般用来连接运算对象,构成表达式,而赋值运算符用来给对象属性、变量赋值,构成赋值语句,详见第 6 章"控制结构"。

当多个运算符出现在同一个表达式中时,在没有()括住的前提下,先执行的运算符的优先级高,若用"1"表示最高优先级,低一级的则用加1来表示,以下给出各类运算符的含义及优先级表,以便正确地描述表达式。

(1) 算术运算符

运算符连接的运算对象若为1个,则该运算符称为单目运算符;若为2个,则该运算符称为双目运算符。算术运算符中只有负号"一"是单目运算符,其余都是双目运算符。

初学者可以编写如下简单程序来帮助理解、练习。设有整型变量x,赋值2,则算术运算符的含义及优先级见表5-3。

```
Private Sub Command1_Click()
    Dim x%
    x = 2
    Print x ^ 3
    Print - x
    Print x * 5
    Print 5 / x
    Print 7 \ x
    Print 4 Mod x
    Print x + 8
    Print x - 8
End Sub
```

表 5-3 算术运算符的含义及优先级

运算符	含义	运算实例	运算结果	优先级
^	乘方	x^3	8	1
一	负号	一x	一2	2
*	乘号	x * 5	10	3
/	除号	5/x	2.5	3
\	整除取商	7\x	3	4
Mod	整除求余	4 Mod x	0	5
+	加号	x+8	10	6
一	减号	x-8	一6	6

【说明】"Mod"和"\"运算符左右两侧的运算对象必须是整型或长整型数据才有意义,因此,如果不是整数,系统会自动按照"四舍五入"的原则转换成整数后,再进行运算。VB中形如"X.5"的数据自动取整的特点见5.5节"常见问题和错误解析"。

"Mod"一般用于判断某整数x能否被另一整数y整除。若能,则x Mod y的结果为0;若不能,则x Mod y的结果不为0。例如,判断某正整数a是奇数还是偶数,就用a Mod 2,结果为0就是偶数,否则就是奇数。

(2) 字符串运算符

字符串运算符即字符串连接符"&"和"+",二者的功能都是将两个字符串连接成一个字符串。因为"&"还兼作长整型数据的类型符,故用"&"连接两个字符串变量时,与左右两边的操作对象之间要各加一个空格,否则,系统会将其看作左边一个变量的后缀。

"&"和"+"的区别如下。

① "&"两侧连接对象的数据类型可以是任意类型的(参见表6-1"右边与左边类型不

一致时所允许的其他类型的转换规则"),系统首先将连接对象转换成字符型,再进行连接。

②"十"两侧连接对象的数据类型常常会出现表 5-4 所示的两种情况,结果也会有所不同。

表 5-4　字符串连接符"十"常出现的情况及不同结果对照表

两侧对象的类型	操　作	实例	结果
都是字符型	字符串连接	"Hello," ＋ "Li!"	Hello,Li!
一侧是字符型,	将类似数值的字符串转换成数值,做加法操作	"123" ＋ 100	223
一侧是数值型	字符串不似数值,则报"类型不匹配"错	"Hi" ＋ 100	报错

在往文本框、列表框、组合框内输出多个对象时,有可能会用到字符串连接运算。而输出对象是数值型的情况很多,所以,建议使用"&"连接符,以免出现错误。

(3) 关系运算符

关系运算符(见表 5-5)的优先级都一样,关系表达式的运算结果都是逻辑型的。除了有些运算符在书写上与数学中稍有不同外,还有 1 个 VB 所特有的关系运算符"Is",其用法详见第 6 章。

表 5-5　关系运算符的含义

运算符	含义	运算实例	运算结果
＞	大于	"Hello" ＞ "Hello"	False
＞＝	大于或等于	"Hello" ＞＝ "Hello"	True
＜	小于	"汉字"＜"Word"	False
＜＝	小于或等于	False ＜＝ True	True
＝	等于	8＝5＋3	True
＜＞	不等于	"Ab" ＜＞ "aB"	True
Is	比较	用在 Select 语句中	

不同类型的数据比较大小时,应遵循以下比较规则。

① 两个数值型数据就按其数值大小进行比较;

② 所有汉字字符大于西文字符,一级汉字按拼音顺序(字典序)比较大小;

③ 若两个西文字符串比较大小,则按各对应字符的 ASCII 码值从左到右一一比较,即首先比较两个字符串的第 1 个字符,ASCII 码值大的那个字符串就大;若第 1 个字符相等,则比较第 2 个字符,以此类推,直到出现不同的字符为止;

④ 逻辑型数据之间、逻辑型数据与数值型数据之间也能比较大小,系统先自动将 True 转换成－1,将 False 转换成 0,再比较大小。

(4) 逻辑运算符

逻辑运算符中只有 Not 是单目运算符,其余都是双目运算符,它们通常用来连接关系表达式或其他逻辑对象,从而构成逻辑表达式。逻辑表达式的运算结果是逻辑值。数值型数据也能当成逻辑值用,非 0 表示"True"、0 表示"False",详见 6.5 节。逻辑运算符的含义及优先级见表 5-6。

表 5-6 逻辑运算符的含义及优先级

运算符	含义	运算实例	运算结果	优先级
Not	逻辑非	Not True	False	1
		Not False	True	
And	逻辑与	True And True	True	2
		True And False	False	
		False And True	False	
		False And False	False	
Or	逻辑或	True Or True	True	3
		True Or False	True	
		False Or True	True	
		False Or False	False	
Xor	逻辑异或	True Xor True	False	3
		False Xor False	False	
		True Xor False	True	
		False Xor True	True	

以上四类运算符的优先级是：算术运算符＞字符串运算符＞关系运算符＞逻辑运算符。

若需要将低级运算符的运算提前，须加()。注意：计算机语言中只有圆括号，若有多层圆括号，则先处理内括号，再处理外括号。

（5）赋值运算符

赋值运算符也用"＝"表示，运算优先级最低。赋值运算符用来给对象属性、变量赋值，构成赋值语句，详见第6章"控制结构"。赋值语句与等式特别容易混淆，如何加以识别，见第6章的"常见问题和错误解析"一节。

6. 算术表达式结果的类型与运算对象类型的关系

当算术表达式中的数据类型相同时，运算结果也为同样的类型。

当算术表达式中的数据类型不同时，系统首先按运算优先级将两两进行运算的对象按"就高不就低"的原则统一类型后，再进行计算，如此重复直到整个表达式运算完毕，结果同最后统一的类型。各数据类型的强弱关系为：Integer＜Long＜Single＜Double＜Currency。

例外情况是，当Long型数据与Single型数据进行运算时，结果为Double型。

例如，表达式 $3000 * 10 + 20 * 50\&$ 的运算顺序是这样的：先计算 $3000 * 10$，由于两数同为整型，计算结果也为整型30000；再计算 $20 * 50\&$，先将20转换成长整型，再计算得出结果 $1000\&$；最后计算 $30000+1000\&$，先将30000转换成长整型，最后得 $31000\&$。

7. 变量的作用域

变量除"名字、类型、值"三要素以外，还有"作用域"问题（详见第8章"子过程与函数过程"）。现在先初步接触了解一下，真正理解要到学习了第8章之后。第8章之前的变量都是声明在过程内部的,称为局部变量,只在过程体内有效;也可以用 Dim、Private、Public 在过程体外的通用声明段声明变量,该变量在整个窗体模块的每个过程中都有效。例如,在下面的例子(见图 5-4)中,关键代码如下:

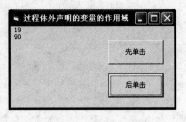

```
Dim x %
Private Sub Command1_Click()
    x = 9
    Print x + 10
End Sub
Private Sub Command2_Click()
    x = x * 10
    Print x
End Sub
```

图 5-4　执行界面

8. 系统函数

如同数学中有许多函数(如三角函数等)能带来计算方便一样,VB 中也有很多称为内部函数的系统函数。系统函数是 VB 系统为实现一些特定功能而编制的内部程序。正确使用这些函数,会大大降低编程难度、提高编程效率。内部函数按其功能可分为数学函数、转换函数、字符函数、日期函数、Shell 函数和格式化函数等。

为了便于理解、记忆,以下给出各类函数的功能表。其中 x 表示数值型表达式、n 为正整数、s 表示字符型表达式、d 表示日期型表达式。

(1) 常用数学函数(见表 5-7)

表 5-7　常用数学函数功能表

函数名	功　　能	实　例	结　果
Abs(x)	求 x 的绝对值	Abs(−9)	9
Exp(x)	求 e^x	Exp(3)	20.086
Sgn(x)	符号函数 x>0,结果为 1;x=0,结果为 0;x<0,结果为−1	Sgn(5)	1
		Sgn(0)	0
		Sgn(−5)	−1
Sqr(x)	求 x 的平方根	Sqr(16)	4
Rnd[(x)]	产生随机数	Rnd	0~1 间的数

Rnd[(x)]函数返回小于 1 且大于或等于 0 的双精度型随机数,即 0≤Rnd 函数返回值<1。x=0 时,则给出的是上一次利用本函数产生的随机数。一般用 Rnd 函数产生一定范围的整数。例如,要产生 10~99 之间的随机整数(包括边界值 10 和 99),则表达式是 Int(Rnd * (99−10+1)+10)。

由上,若欲产生 a~b 之间的随机整数(包括边界值 a 和 b),则可以归纳得出通用表达式为 Int(Rnd * (b−a+1)+a)。

（2）常用转换函数（见表 5-8）

表 5-8　常用转换函数功能表

函数名	功　　能	实　例	结　果
Str(x)	将数值 x 转换成字符串（留正号位）	Str(28)	" 28"
CStr(x)	将 x 转换成字符串，若 x 为数值型，则转换为数字字符串（不留正号位）	CStr(28)	"28"
		CStr(3>5)	"False"
Val(s)	将 s 中从最左边开始的类似合法数值的连续字符串转换成数值，否则为 0	Val("12.3hi")	12.3
		Val("hi12.3")	0
Chr(x)	返回以 x 为 ASCII 码值的字符	Chr(65)	"A"
Asc(s)	给出字符 s 的 ASCII 码值（十进制数）	Asc("A")	65
CInt(x)	将数值 x 的小数部分四舍五入取整	CInt(−6.9)	−7
Fix(x)	将数值 x 的小数部分舍去取整	Fix(−6.9)	−6
Int(x)	取小于等于 x 的最大整数	Int(−6.9)	−7

（3）常用字符函数（见表 5-9）

表 5-9　常用字符函数功能表

函数名	功　　能	实　　例	结　果
Len(s)	求字符串 s 的长度（字符个数）	Len("Hello")	5
Left(s,n)	从字符串 s 左边起取 n 个字符	Left("Good",2)	"Go"
Right(s,n)	从字符串 s 右边起取 n 个字符	Right("Good",2)	"od"
Mid(s,n1,n2)	从字符串 s 左边第 n1 个位置开始向右起取 n2 个字符	Mid("Hello",1,2)	"He"
Ucase(s)	将字符串 s 中所有小写字母改为大写	Ucase("Hily12")	"HILY12"
Lcase(s)	将字符串 s 中所有大写字母改为小写	Lcase("Hily12")	"hily12"
Ltrim(s)	去掉字符串 s 左边的空格	Ltrim(" hi ")	"hi "
Rtrim(s)	去掉字符串 s 右边的空格	Rtrim(" hi ")	" hi "
Instr([n,]s1,s2)	从字符串 s1 的第 n 个位置起查找给定的 s2，返回 s2 在 s1 中的位置，若没有找到，返回 0 值。n 的默认值为 1	Instr(3,"abcabc","ca")	3
		Instr(5,"abcabc","ca")	0
String(n,s)	得到由给定字符串 s 中第 1 个字符组成的一个长度为 n 的字符串	String(2,"AB")	"AA"
Space(n)	得到 n 个空格	Space(3)	" "
Spc(n)	与 Print 一起使用，输出 n 个空格	Spe(3)	" "
Tab[(n)]	与 Print 一起使用，对输出进行定位。可选的 n 是在显示下一个对象之前移动的列数	Print 3；Tab；6；Tab；9 与 Print 3，6，9 的效果完全一样	省略 n，则函数将光标移到下一个打印区起点

（4）常用日期函数

为了便于理解，先看下列例子：

```
Private Sub Command1_Click()
    Print Date
    Print Time
    Print Now
```

```
    Print Year( # 8/8/2008 # )
    Print Month( # 10/1/1949 # )
    Print Day( # 9/30/1997 # )
    Print Weekday( # 7/29/2010 # , vbMonday)
End Sub
```

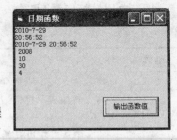

图 5-5 是公元 2010 年 7 月 29 日星期四晚上调试上述程序得到的各个日期函数的函数值。再通过表 5-10 系统地了解一下常用日期函数的功能。

图 5-5　日期函数的函数值

表 5-10　常用日期函数功能表

函数名	功　　能
Date	返回系统当前的日期
Time	返回系统当前的时间
Now	返回系统当前的日期和时间
Year(d)	d 应为一有效的日期变量或常量,函数返回一个表示 d 的年号的整数
Month(d)	d 应为一有效的日期变量或常量,函数返回一个表示 d 的月份的整数
Day(d)	d 应为一有效的日期变量或常量,函数返回一个表示 d 的日的整数
Weekday(d[,c])	d 应为一有效的日期变量或常量,c 是用于指定星期几为一个星期第一天的系统常数,默认时表示一周的星期天为第一天

注：表示星期的系统常数有 vbMonday、vbTuesday、vbWednesday、vbThursday、vbFriday、vbSaturday 和 vbSunday。

(5) Shell 函数

在 VB 中,可以通过 Shell 函数调用 Windows 下运行的可执行程序(扩展名为.com、.exe)。使用格式为:

X = Shell(可执行文件全名字符串[,窗口类型])

所谓"可执行文件全名"即"盘符\路径\可执行文件主名.扩展名";"窗口类型"的取值范围为 0～4、6 的整数,一般取 1,表示执行应用程序的窗口大小,各参数值的意义参见表 5-11;X 为任意类型的变量,获得函数的返回值即任务标识 ID,即使返回值没有用,也必须写出赋值语句的格式来调用 Shell 函数。

表 5-11　窗口类型参数值的含义

常　　量	值	含　　义
vbHide	0	窗口被隐藏,且焦点会移到隐式窗口
vbNormalFocus	1	窗口具有焦点,且还原到原来的大小和位置
vbMinimizedFocus	2	窗口会以一个具有焦点的图标来显示
vbMaximizedFocus	3	窗口是一个具有焦点的最大化窗口
vbNormalNoFocus	4	窗口会被还原到最近使用的大小和位置,而当前活动窗口依然保持活动
vbMinimizedNoFocus	6	窗口以一个图标显示。当前活动窗口依然保持活动

例如,单击下列程序的"调用计算器"命令按钮,执行
Windows 的"计算器程序"。执行后的界面如图 5-6 所示。

```
Private Sub Command1_Click()
    x = Shell("calc.exe", 1)
End Sub
```

【说明】当执行的程序为 Windows 系统自带的软件时,
可以省略"盘符\路径"。

再如,单击下列程序的命令按钮,打开 VB 软件。

```
Private Sub Command1_Click()
    x = Shell("vb6", 1)
End Sub
```

图 5-6 Shell 函数执行界面

(6) 格式化函数

格式化函数 Format 是专门用于将数值、日期和时间数
据按指定格式输出的函数。它的一般形式是:

```
Format(算术表达式, fmt)
```

其中,fmt 是用于格式控制的字符串。格式控制字符有(顿号不算):♯、0、.、,、%、$ 、—、
+、(、)、E+、E—。其中,"♯"、"0"是数位控制符;"."和","是标点控制符;"E+"和"E—"
是指数输出控制符;其他是符号控制符。

下列程序是采用不同格式字符组成的格式控制字符串输出一个双精度数 123 456.78♯
的示例。

```
Private Sub Command1_Click()
    Dim x As Double
    x = 123456.78
    Print Format(x , "00000000.0000")
    Print Format(x , "♯♯♯♯♯♯♯♯♯♯♯♯")
    Print Format(x , "♯♯♯,♯♯♯,♯♯♯.♯")
    Print Format(x , "♯♯♯♯♯♯♯♯%")
End Sub
```

输出结果界面见图 5-7。

由上例发现,若想将若干个不同整数按同样的位数输出(不足时左侧或右侧补空格),
Format 函数是做不到的。例如,将 359、—12 345 都按 8 列输出到前后行,不足的位数左边
补空格,确保数据右边对齐,参考程序如下:

```
Private Sub Command1_Click()
    Dim n1 % , n2 %
    n1 = Len(CStr(359))              '将数值数据转换成数字字符串后,求其串长
    n2 = Len(CStr( -12345))
    Print Space(8 - n1) & CStr(359)
    Print Space(8 - n2) & CStr( -12345)
End Sub
```

输出结果如图 5-8 所示。

图 5-7 Format 函数例题执行界面　　　　　图 5-8 整数右侧对齐输出的示例

【结论】可以借助 Space 函数、Len 函数和 CStr 函数实现整数的对齐输出。

5.2 实验目的

1. 熟悉各种类型常量的书写特点；
2. 正确将数学表达式描述成 VB 的表达式；
3. 通过简单程序的调试，了解溢出的原因；
4. 进一步熟悉标签、文本框、命令按钮等常用控件的常用属性；
5. 正确理解和应用各常用系统函数。

5.3 模仿类实验

【实验 5-1】任意读入一个字符串，将最后一个字符移到最前面后，输出移动后的字符串。

【解析】在窗体上画 2 个文本框，一个用于读入，一个用于输出。程序参考界面见图 5-9。参考程序如下：

图 5-9 实验 5-1 参考界面

```
Option Explicit
Private Sub Command1_Click()
  Dim s As String, c As String * 1
  Dim n As Integer
  s = Text1
  n = Len(s)
  c = Right(s, 1)
  Text2 = c & Left(s, n - 1)
End Sub
```

【实验 5-2】编程将前 5 个素数依次输出到文本框中，输出一个换一行。再编写另一个程序将前 5 个素数依次输出到列表框中，输出一个换一行。对比两个程序，体会文本框与列表框的特点。

【解析】在用文本框多行输出时，必须先设其 MultiLine 属性为 True，若数据量大，还应该加设垂直滚动条或水平滚动条，本题只需加设垂直滚动条，即设其 ScrollBars 为 2。另外，每次必须将文本框已有的内容再连接上新内容以及回车换行符，否则之前的内容会被之后的内容代替,最后只剩第 5 个素数了。

　　而用列表框完成多行输出就简单多了。

　　程序参考界面见图 5-10,参考程序如下(左为用文本框输出、右为用列表框输出):

```
Private Sub Command1_Click()          Private Sub Command1_Click()
    Text1 = "前 5 个素数:" & vbCrLf        List1.AddItem "前 5 个素数:"
    Text1 = Text1 & 2 & vbCrLf            List1.AddItem 2
    Text1 = Text1 & 3 & vbCrLf            List1.AddItem 3
    Text1 = Text1 & 5 & vbCrLf            List1.AddItem 4
    Text1 = Text1 & 7 & vbCrLf            List1.AddItem 7
    Text1 = Text1 & 11                    List1.AddItem 11
End Sub                                End Sub
```

　　【实验 5-3】在图片框中输出三角形,如图 5-11 所示。

图 5-10　实验 5-2 参考界面　　　　　　　图 5-11　实验 5-3 参考界面

　　【解析】仔细观察图 5-11,发现第 n 行先输出多个空格符(以后每行递减),再输出 2n−1 个☆。可使用 Space 函数、String 函数完成。程序代码如下:

```
Private Sub Command1_Click()
    Picture1.Print Space(9); String(1, "☆")
    Picture1.Print Space(7); String(3, "☆")
    Picture1.Print Space(5); String(5, "☆")
    Picture1.Print Space(3); String(7, "☆")
    Picture1.Print Space(1); String(9, "☆")
End Sub
```

5.4　练习类实验

　　【练习 5-1】在窗体上画 1 个文本框和 1 个命令按钮,从文本框中任意读入一个整数,编程实现单击命令按钮后,输出其个位上的数字。

　　【练习 5-2】编写简单程序,先将下列数学表达式正确转换成 VB 表达式,再用 Print 方法输出表达式的值,以便检验转换的正确性。

　　(1) $\sin 30° + \sqrt{16}$(用 Format 函数输出此表达式的值,保留 1 位小数)

　　(2) $|2^{-3} - e^3|$(用 Format 函数输出此表达式的值,保留 1 位小数)

　　(3) $\dfrac{5}{2 + \sqrt{4}}$

【练习 5-3】编程生成一个 100 以内的正整数,并输出该数整除 2 的余数。

【练习 5-4】编程读入一个字符串,将其中的小写字母转换成大写字母后再输出该串,并输出该串的串长。

【练习 5-5】在窗体上画 3 个文本框和 1 个命令按钮,编写命令按钮的单击事件过程,从第 1、第 2 两个文本框中分别读入两个字符串,然后将它们连接成一个字符串后,输出到第 3 个文本框中;再比较这两个字符串的大小,用 Print 方法输出比较的结果。

5.5　常见问题和错误解析

1. 溢出问题

由表 5-1 可知,不同数据类型的数据取值范围是不同的,其中整型数据范围特别小,只有-32 768~32 767,整型数据在程序中用得特别多,编程时,经常会出现运算结果超出其取值范围的情况,当数值超出相应数据类型的表示范围时,就叫"溢出",系统会报错。最简单的办法是,改用数据范围大的数据类型。

先分别调试如下两对程序,对比程序中的不同之处,思考错误原因:

程序 1:有错(溢出)

```
Option Explicit
Private Sub Command1_Click()
 Dim x As Integer, y As Integer
 x = 100
 y = x * 3000
 Print y
End Sub
```

程序 2:正确

```
Option Explicit
Private Sub Command1_Click()
 Dim x As Long, y As Long
 x = 100
 y = x * 3000
 Print y
End Sub
```

程序 3:有错(溢出)

```
Option Explicit
Private Sub Command1_Click()
 Dim x As Integer, y As Long
 x = 100
 y = x * 3000
 Print y
End Sub
```

程序 4:正确

```
Option Explicit
Private Sub Command1_Click()
 Dim x As Integer, y As Long
 x = 100
 y = 3000& * x
 Print y
End Sub
```

【解析】程序 1 报"溢出"错,通常初学者会认为,是因为存放结果的变量 y 的类型是整型(整型的数据取值范围只是-32 768~32 767),导致了出错,实际上,在执行到"y = x * 3000"时右侧表达式"x * 3000"就已经出错了,因为 x 和 3000 都是整型,结果也按整型处理,而 30 万早就超出了整型数据的范围。程序 3 中虽然将 y 改成了长整型,依然报"溢出"错就是这个原因。而程序 2 和程序 4 的乘法表达式中有一个数是长整型,故相乘前,系统会先将另一个数也转换成长整型,乘积也就是长整型了,所以程序都能正确执行。若将程序 3 中的"x=100"改为"x=1","y = x * 3000"改为"y = x * 300 000"即如下代码,程序能正确执行吗?为什么?

```
Option Explicit
Private Sub Command1_Click()
    Dim x As Integer, y As Long
    x = 1
    y = x * 300000
    Print y
End Sub
```

2. VB中形如"X.5"的数据自动取整的特点

VB 6.0在对实数自动取整时,一般是遵循"四舍五入"的原则。但对于"X.5"处理时却本着"靠偶取整"的原则,即若X是偶数,则"X.5"的取整结果就是X;若X是奇数,则"X.5"的取整结果就是X+1(若数值为负值,则按上述原则对其绝对值取整后,前面加上负号即可)。这应该是VB 6.0的一个缺陷。例如,下列程序的输出结果为:4　　4　　　－4。

```
Private Sub Command1_Click()
    Dim x%, y%, z%
    x = 3.5
    y = 4.5
    z = -4.5
    Print x, y, z
End Sub
```

3. 逻辑数据与数值数据的自动转换规则

在编程时,既要注重程序的正确性,也要注重程序的可读性,因此,不容易出现逻辑数据与数值数据进行算术运算的情况。但是,在一些等级考试中会出现类似下列问题。

```
Option Explicit
Private Sub Command1_Click()
    Dim x As Integer, y As Integer, b As Boolean
    b = 6
    x = 5 > True
    y = b + x
    Print b, x, y
End Sub
```

运行上述程序,输出:

```
True    -1    -2
```

为什么以上程序执行不报错?又是如何得出上述结果的呢?因为逻辑数据与数值数据有如下的自动转换规则。

① 在给逻辑型变量赋值,或在If语句和Do…Loop语句的条件表达式处(这一点见6.5节第5点)出现数值数据时,系统自动将"非0"转换成True;将"0"转换成False。

② 在逻辑数据与数值数据发生算术运算或关系运算时,系统自动将True转换成-1,将False转换成0。

4. 字符串连接符用"＋"容易出现错误

在将多个输出对象显示到一个文本框时,由于文本框内的数据都是字符型的,故应将多个对象连接成一个字符串后,再给文本框赋值。而输出对象常常是数值型的,初学者喜欢用"＋"来完成连接,于是常常会出现错误。例如,将两数的和以"x＋y＝s"的格式输出到文本框中(见图 5-12),错误程序如下:

```
Private Sub Command1_Click()
    Dim x%, y%, s%
    x = 5
    y = 1
    s = x + y
    Text1 = x + "+" + y + "=" + s
End Sub
```

运行上述程序会报"类型不匹配"错。

造成上述错误的原因参见 5.1 节对字符运算符的介绍。正确的做法是:将"＋"改成"＆";或用 Str 等函数将数值型数据转换成字符型数据,修改后代码如下:

【修改方法一】

```
Sub Command1_Click()
Dim x%, y%, s%
x = 5
y = 1
s = x + y
Text1 = x & "+" & y & "=" & s
End Sub
```

【修改方法二】

```
Private Sub Command1_Click()
Dim x%, y%, s%
x = 5
y = 1
s = x + y
Text1 = Str(x) + "+" + Str(y) + "=" + Str(s)
End Sub
```

程序修改正确后,运行得到的输出界面见图 5-12。

5. 用文本框输入、输出数值型数据时容易出现的问题

由于文本框中的数据都是字符型的,而编程时数值型数据用得比较多,因此,无论是用文本框给变量赋值(即输入数据),还是将运行结果赋值给文本框(即输出结果),为了确保程序的正确,最好使用 Val 函数、Str 函数(或 CStr 函数)转换后,再赋值。

图 5-12 程序正确后的输出界面

例如,要求编程完成如下功能:从两个文本框中任意读入两个数,再将这两数之和输出到第三个文本框中。有初学者在窗体上添加了三个文本框和一个命令按钮后,编写了如下程序:

```
Private Sub Command1_Click()
    x = Text1
    y = Text2
    Text3 = x + y
End Sub
```

运行上述程序,输入 3 和 6 后,第三个文本框中输出的是 36 而不是 9(见图 5-13)。为什么呢?

【解析】原因有两个：①变量 x、y 没有声明就使用，默认为变体型；②文本框中的数据都默认为字符型。于是通过输入，变体型变量 x、y 分别获得字符型数据"3"和"6"，而"＋"在左右两侧均为字符型时，完成的是字符连接操作，而不是"加"操作。

图 5-13　文本框例题执行界面

如何修改才能正确完成题目要求呢？

【修改方法一：使用 Val 函数】

```
Private Sub Command1_Click()
    x = Val(Text1)
    y = Val(Text2)
    Text3 = x + y
End Sub
```

【修改方法二：正确声明 x 和 y】

```
Private Sub Command1_Click()
    Dim x%, y%
    x = Text1
    y = Text2
    Text3 = x + y
End Sub
```

系统会自动将赋值号"＝"右侧的数据类型转换成与左边类型一致后，再给左边变量赋值（详见第 6 章关于赋值语句的讲解）。

6. 算术表达式中经常出现的错误

在 VB 中，书写算术表达式与在数学中的书写方式有许多不同。常见的错误主要集中在以下几方面。

（1）VB 中乘号 * 不能省略，却被省略。数学表达式中乘号常被省略，因此初学者常犯此错误。例如，有数学表达式 y＝3x，初学者在 VB 程序中原样照抄，系统立刻呈红色显示，表示有语法错。

（2）VB 中的分数只能以"/"来分隔分子和分母，实质上就是除法运算，无法像数学那样采用 $\frac{a}{b+c}$ 形式来描述分数，因此初学者容易漏加分母上的()，而书写成了 a/b＋c，这样就变成了计算 $\frac{a}{b}$＋c。正确写法是 a/(b＋c)。

（3）常常出现溢出错误。比如，有数学表达式 3000×20÷300，若在 VB 中，写成 3000 * 20/300，就会报"溢出"错误。正确写法是 3000/300 * 20（调整书写顺序）或 3000& * 20/300（加上长整型后缀 &）。

（4）系统函数名拼写错误。由于还没有熟悉系统提供的函数，因而常常出现拼写错误，此时，程序会报"子程序或函数未定义"编译错误。

7. CStr 函数与 Str 函数相互错用

在将正数转换成数字字符串时，用 Str 函数完成，产生的字符串会在最左端增加一个空格符,表示符号位;而用 CStr 函数进行转换,就不会多出这个空格。而初学者常常忽视二者的区别,经常混用,从而导致错误或麻烦。

例如,在如图 5-14 所示的界面中,编程完成如下功能:将任意读入的一个正整数的最高位输出。

【使用 Str 完成】

```
Private Sub Command1_Click()
    Dim x As Long, s As String
    x = Val(Text1)
    s = Str(x)
    Text2 = Left(s, 1)
End Sub
```

以上程序执行后看不见输出结果,就是因为用 Str 转换成的数字串的最左端有一个空格。输出的"空格"是"看不见"的,如图 5-14 所示。

【使用 CStr 完成】

```
Private Sub Command1_Click()
    Dim x As Long, s As String
    x = Val(Text1)
    s = CStr(x)
    Text2 = Left(s, 1)
End Sub
```

以上程序正确输出了最高位,如图 5-15 所示,这是因为 CStr 函数转换成的数字串中不会有最左端的空格位,所以取出的最左端字符即为最高位。

图 5-14 使用 Str 函数输出界面   图 5-15 使用 CStr 函数输出界面

【例 5-2】编程完成如下功能:将前 5 个素数显示到同一个文本框中。

【使用 CStr 完成】

```
Private Sub Command1_Click()
    Text1 = CStr(2) + CStr(3) + CStr(5) + CStr(7) + CStr(11)
End Sub
```

【使用 Str 完成】

```
Private Sub Command1_Click()
    Text1 = Str(2) + Str(3) + Str(5) + Str(7) + Str(11)
End Sub
```

用这两个函数编程的执行结果如图 5-16 所示。

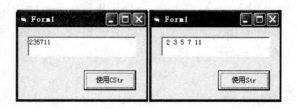

图 5-16　使用 CStr 和 Str 函数的执行界面

8. 搞不清 Space() 函数与 Spc() 函数的区别

与 Print 方法连用时,二者都能生成若干个空格,但是,Spc() 函数只能与 Print 方法一起使用,对输出进行定位;而 Space() 函数还可以将生成的空格字符串赋值给字符型变量,或参与字符连接等操作,总之,与字符常量或变量的用法相当。

另外,另一个定位函数 Tab(),也必须与 Print 方法一起使用,对输出进行定位。打印的外观将会被分割为均匀、定宽的列。各列的宽度等于选用字体内以磅数为单位的所有字符的平均宽度。比如,大写字母 W 占据超过一个定宽的列,而小写字母 i 则占据少于一个定宽的列。再如,输出以下两个三角形的代码是有区别的:

左侧"＊"组成的三角形代码是:

```
Print Tab(10); String(1, "＊")
Print Tab(9); String(3, "＊")
Print Tab(8); String(5, "＊")
```

右侧"★"组成的三角形代码是:

```
Print Tab(10); String(1, "★")
Print Tab(8); String(3, "★")
Print Tab(6); String(5, "★")
```

9. 连不等式不能出现在 VB 程序中

由于数学中经常出现类似 $0 < x < 100$ 的连不等式的写法,表示自变量 x 的取值范围,当 x 取值为 150 时,不等式是不成立的。但在 VB 中,若写成"$0 < x < 100$"这种形式,则不管 x 取值为多少,此表达式的结果都是 True。原因是:VB 先比较"$0 < x$",结果或为 True 或为 False,再用此结果与 100 比较,无论是 True 转换成的 -1,还是 False 转换成的 0,都小于 100,故结果均为 True。这样,就会造成程序出错。正确的写法是:

```
0 < x And x < 100
```

10. 用文本框输入数值数据,出现执行顺序错误

在单击事件过程中,若用到文本框来输入数值数据,在单击"启动"按钮 ▶ 运行程序

后,应该先在文本框中输入数值后,再单击相应对象,执行整个事件过程。若启动程序后,先单击相应对象,则由于文本框中或为默认的 Text 属性值,或为空值,而接收文本框内容的变量为数值型,系统会报"类型不匹配"错误。

5.6 提高题与兴趣题

【习题 5-1】参照图 5-17,编程实现如下功能:单击"洋布帽"按钮,输出由"◎"构成的两顶"帽子";单击"花草帽"按钮,输出由"※"构成的两顶"帽子";单击"竹编帽"按钮,输出由"Φ"构成的两顶"帽子";单击"清屏"按钮,将窗体上显示的内容清除。

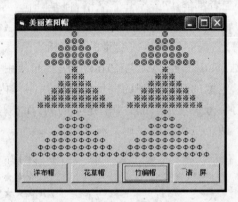

图 5-17　习题 5-1 参考界面

【解析】借助定位函数 Tab() 和 Spc(),使用多个 Print 方法完成输出,程序代码如下:

```
Private Sub Command1_Click()
    Print Tab(17); String(1, "◎"); Spc(24); String(1, "◎")
    Print Tab(15); String(3, "◎"); Spc(20); String(3, "◎")
    Print Tab(13); String(5, "◎"); Spc(16); String(5, "◎")
    Print Tab(11); String(7, "◎"); Spc(12); String(7, "◎")
    Print Tab(9); String(9, "◎"); Spc(8); String(9, "◎")
End Sub
Private Sub Command2_Click()
    Print Tab(17); String(1, "※"); Spc(24); String(1, "※")
    Print Tab(15); String(3, "※"); Spc(20); Text(3, "※")
    Print Tab(13); String(5, "※"); Spc(16); String(5, "※")
    Print Tab(11); String(7, "※"); Spc(12); String(7, "※")
    Print Tab(9); String(9, "※"); Spc(8); String(9, "※")
    Print Tab(7); String(11, "※"); Spc(4); String(11, "※")
End Sub
Private Sub Command3_Click()
    Print Tab(17); String(1, "Φ"); Spc(24); String(1, "Φ")
    Print Tab(15); String(3, "Φ"); Spc(20); String(3, "Φ")
    Print Tab(13); String(5, "Φ"); Spc(16); String(5, "Φ")
    Print Tab(11); String(7, "Φ"); Spc(12); String(7, "Φ")
    Print Tab(9); String(9, "Φ"); Spc(8); String(9, "Φ")
    Print Tab(7); String(11, "Φ"); Spc(4); String(11, "Φ")
    Print Tab(5); String(13, "Φ"); Spc(0); String(13, "Φ")
End Sub
```

```
Private Sub Command4_Click()
   Cls
End Sub
```

学习第 6 章的循环结构语句后,可以简化此程序。

【习题 5-2】以下程序的功能是:任意输入一个日期,输出这一天是星期几,如图 5-18 所示。

图 5-18　习题 5-2 参考界面

【解析】本题用系统函数 Weekday 求出输入日期对应是一周的第几天(以星期日为一周的第一天),并以此为数组 xq 的下标,给 xq(1)赋值"日"、xq(2)赋值"一",以此类推,从而借助数组对应元素输出中文格式的星期值。程序代码如下:

```
Dim xq(1 To 7) As String
Private Sub Command1_Click()
 Dim t As String, i As Integer
 t = Text1
 i = Weekday(t)
 MsgBox t$ + "星期" + xq(i)
End Sub
Private Sub Form_Load()
 xq(1) = "日"
 xq(2) = "一"
 xq(3) = "二"
 xq(4) = "三"
 xq(5) = "四"
 xq(6) = "五"
 xq(7) = "六"
End Sub
Private Sub Command2_Click()
 End
End Sub
```

【习题 5-3】编写一个具有"记时"功能的程序,参考界面见图 5-19。

【解析】为了提高程序的可读性,将两个命令按钮命名为"cmdstar"和"cmdstop";而为了程序的简易性,将六个标签控件命名为"lbl1"～"lbl6"。另外,在按下"启动"按钮后,该按钮应变成不可用,而"停止"按钮变得可用;按下"停止"按钮后,该按钮应变成不可用,而

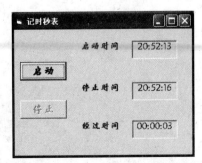

图 5-19　习题 5-3 参考界面

"启动"按钮变得可用。程序代码如下：

```
Option Explicit
Dim startime As Date
Dim endtime As Date
Dim interval As Date
Private Sub cmdstar_Click()
    startime = Now                                      ' 获取系统时间
    lbl4.Caption = Format(startime, "hh:mm:ss")         ' 用格式函数显示启动时间
    lbl5.Caption = ""
    lbl6.Caption = ""
    cmdstop.Enabled = True
    cmdstar.Enabled = False
End Sub
Private Sub cmdstop_Click()
    endtime = Now
    interval = endtime - startime
    lbl5.Caption = Format(endtime, "hh:mm:ss")          ' 停止时间
    lbl6.Caption = Format(interval, "hh:mm:ss")         ' 经过时间
    cmdstop.Enabled = False
    cmdstar.Enabled = True
End Sub
```

第 6 章

控制结构

6.1 知识要点

1. 顺序结构

（1）赋值语句

【格式一】

控件名.属性名＝属性值

【格式二】

变量名＝表达式

【格式二的说明】

① 赋值语句的功能是：先求出赋值号右边表达式的值，再将该值的类型转换成与左边变量相同的类型后，赋值给变量。因此，赋值号左边只能是变量，不能是常量或表达式。

② "表达式"可以是常量、变量或表达式，一般其类型应与左边变量名的类型一致。若左右类型不一致，则先将右边的值转换成与左边变量一样的类型后，再赋值。

③ 当左边的变量为变体型时，右边表达式的值是什么类型，该变量就由于获得该值而被当作与该值同类型的变量使用。例如：

```
Private Sub Command1_Click()
    Dim x As Variant
    x = True
    Print x = (5 > 3)
    x = 5
    Print x + 5
    x = "Hi"
    Print x & ",Liu!"
End Sub
```

执行上述程序，输出结果为：

```
True
10
Hi,Liu!
```

④ 当左边的变量为除变体型以外的其他类型时,若右边表达式值的类型与左边类型不一致,则按表 6-1 所示的转换规则转换。

表 6-1　右边与左边类型不一致时所允许的其他类型的转换规则

左边类型	右边允许的与 左边不同的类型	自动转换规则	例题
数值型	各种数值型	转换成与左侧一致的数值型	例 6-1
	类似合法数值的字符串	转换成相应数值,再转换成与左侧一致的数值型	
	字符串	左侧一致的数值型	
	布尔型	True 转换成−1；False 转换成 0,然后再转换成与左侧一致的数值型	
字符型	任意其他类型	直接转换成相应的字符型	例 6-2
布尔型	数值型	非 0 转换成 True；0 转换成 False	例 6-3
	布尔常量值对应字母字符串	"true"或"True"转换成 True； "false"或"False"转换成 False	

【例 6-1】左边是数值型,右边为各允许的其他类型。示例程序代码如下:

```
Private Sub Command1_Click()
  Dim x%, y%, z%
  x = 3.5
  y = "8.19"
  z = True
  Print x, y, z
End Sub
```

输出为:

```
4      8      -1
```

【例 6-2】左边是字符型,右边为各允许的其他类型。示例程序代码如下:

```
Private Sub Command1_Click()
  Dim x As String, y As String, z As String
  x = 3.5
  y = False
  z = #8/8/2008#
  Print x, y, z
End Sub
```

输出为:

```
3.5    False    2008-8-8
```

【例 6-3】左边是布尔型,右边为各允许的其他类型。示例程序代码如下:

```
Private Sub Command1_Click()
  Dim x As Boolean, y As Boolean, z As Boolean
  x = 3.5
  y = "false"                '若赋值其他字符串,则报"类型不匹配"错
  z = #8/8/2008#             '日期型也认为是非 0 值,当作 True
```

```
   Print x, y, z
End Sub
```

输出为：

True   False   True

注意：为了避免麻烦，左右类型应尽量一致！另外，新赋的值总是将变量中原有的值替换掉。

（2）输入语句

VB 中常用的输入语句有以下两种格式。

【格式一：由 InputBox 函数构成的赋值语句】

变量名 = InputBox(提示[,标题][,默认][, x 坐标位置][,y 坐标位置])

【格式二：由文本框.Text 属性构成的赋值语句】

变量名 = 文本框.Text

注意：从 InputBox 函数及文本框输入数据的类型默认为字符型。

（3）输出语句

VB 中常用的输出语句有以下 4 种格式。

【格式一：由文本框.Text 属性构成的赋值语句】

文本框.Text = 输出列表组成的字符串表达式

【格式二：Print 方法】

[对象名.]Print 输出列表

其中，对象可以是窗体、图片框或打印机。若省略了对象，则在窗体上输出。与 Print 相关的定位函数有：Spc(n)函数和 Tab[(n)]函数。

【格式三：MsgBox()函数和 MsgBox 过程】

MsgBox()函数用法如下：

变量 = MsgBox(提示[,按钮][,标题])

MsgBox 过程用法如下：

MsgBox 提示[,按钮][,标题]

MsgBox 的作用是打开一个信息框，等待用户选择一个按钮。

注意：函数名后有括号，过程名后不能有括号。二者作用相同。

【格式四：AddItem 方法】

[列表框名.]AddItem 输出列表组成的字符串表达式

或

[组合框名.]AddItem 输出列表组成的字符串表达式

【例 6-4】编程输出前 $n(n \geqslant 1)$ 个正整数的平方，并对比以下三种方法的优劣。

【方法一：使用 Print 方法输出】

```
Private Sub Command1_Click()
    Dim n%, i%
    n = InputBox("输入一个大于等于 1 的整数")
    If n < 1 Then
        MsgBox "输入错误!"
        End
    End If
    Print "输出 1～"; n; "的平方:"
    For i = 1 To n
        Print i * i
    Next i
End Sub
```

当输入 5 时，输出结果如图 6-1(a)所示；当输入 20 时，输出结果如图 6-1(b)所示。注意，图 6-1(b)中显示的仅是部分输出内容。

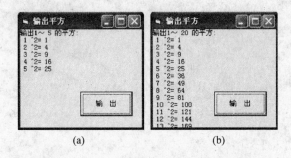

(a)　　　　　　　　(b)

图 6-1　用 Print 方法输出前 n 个整数的平方

【方法二：使用文本框输出】

首先设置文本框的 MultiLine 属性为 True，再设置文本框的 ScrollBars 属性为 2，即加上垂直滚动条，以便多行显示输出结果，解决数据量增大时 Print 方法显示结果不完全的问题。

```
Private Sub Command1_Click()
    Dim n%, i%
    n = InputBox("输入一个大于等于 1 的整数")
    If n < 1 Then
        MsgBox "输入错误!"
        End
    End If
    Text1 = "输出 1～" & n & "的平方:"
    For i = 1 To n
        Text1 = Text1 & vbCrLf & i & "^2 = " & i * i
    Next i
End Sub
```

当输入 5 时，输出如图 6-2(a)所示；当输入 20 时，输出如图 6-2(b)所示。拖动滚动条即可看到全部输出结果。

(a)　　　　　　　　(b)

图 6-2　用文本框输出前 n 个整数的平方

【说明】程序中的"vbCrLf"是系统常量,起回车换行的作用,还可以用"Chr(13) & Chr(10)"代替。"13"是回车符的 ASCII 码值,"10"是换行符的 ASCII 码值。若想让文本框按多行方式输出结果,一来必须设置文本框的 MultiLine 属性为 True,二来必须在该换行处加上"回车换行符"。

【方法三:使用列表框输出】

```
Private Sub Command1_Click()
    Dim n%, i%
    n = InputBox("输入一个大于等于 1 的整数")
    If n < 1 Then
        MsgBox "输入错误!"
        End
    End If
    List1.Clear
    List1.AddItem "输出 1~" & n & "的平方:"
    For i = 1 To n
        List1.AddItem i & "^2 = " & i * i
    Next i
End Sub
```

当输入 100 时,输出结果如图 6-3 所示。

注意:MsgBox 只能借助信息对话框,用于辅助输出"提醒、报错"等信息,无法输出运行结果。

图 6-3　用列表框输出前 n 个整数的平方

2. 选择结构

(1) 单分支 If 语句的两种格式与使用

【格式一】

```
If  表达式  Then
    语句块
End If
```

【格式二】

```
If  表达式  Then  语句
```

其中,"表达式"通常是关系表达式或逻辑表达式,也可以是算术表达式,此时,非 0 被当作

True,0 被当作 False。

格式一中的"语句块"可以是多条语句；格式二中的"语句"通常为一条语句,若为多条语句,则必须用":"分隔各条语句。

（2）双分支 If 语句的两种格式与使用

【格式一】

```
If  表达式  Then
    语句块 1
Else
    语句块 2
End If
```

【格式二】

```
If  表达式  Then  语句 1  Else  语句 2
```

（3）多分支 If 语句的格式与使用

```
If  表达式 1  Then
    语句块 1
ElseIf  表达式 2  Then
    语句块 2
ElseIf  表达式 3  Then
    语句块 3
    ⋮
ElseIf  表达式 n  Then
    语句块 n
[Else
    语句块 n + 1 ]
End If
```

其中,关键字 ElseIf 中不能有空格；当该结构内有多个条件为 True 时,VB 仅执行第一个为 True 的条件后的语句块,然后跳出该结构。

（4）If 语句的嵌套与使用

```
If  表达式 1  Then
    ……
    If  表达式 2  Then
        ……
    End If
    ……
End If
```

注意：每个 End If 与前面最接近一个的没有配对的 If 配对；书写格式最好采用锯齿形,外 If 靠左,内 If 靠右,以便于区分配对情况。

（5）情况语句的格式与使用

```
Select  Case  变量或表达式
    Case  表达式列表 1
        语句块 1
```

```
    Case    表达式列表 2
            语句块 2
    Case    表达式列表 3
            语句块 3
      ⋮
    Case    表达式列表 n
            语句块 n
   [Case Else
            语句块 n + 1 ]
    End If
End  Select
```

其中,"变量或表达式"通常是数值型或字符型表达式;"表达式列表 i"与"变量或表达式"的类型必须相同,其格式可以是下列 4 种形式之一:

① 表达式;

② 一组用逗号分隔的枚举值;

③ 表达式 1 To 表达式 2;

④ Is 关系运算符 表达式。

注意:这 4 种形式可以混用;第 4 种形式中不能出现逻辑运算符,例如"Is＜10 Or Is＞20"是错误的表达形式,应描述成"Is＜10,Is＞20"。

(6) 条件测试函数的格式与使用

IIf (表达式 1,表达式 2,表达式 3)

其中,"表达式 1"通常为关系或逻辑表达式。"表达式 1"成立,则函数值为"表达式 2";否则,函数值为"表达式 3"。

3. 循环结构

(1) 循环的两种常见分类

【分类一】

① 当型循环:先判断条件是否成立,再决定是否执行循环体,简称"先判断、后执行"。

② 直到型循环:先执行循环体,再判断条件是否成立,简称"先执行、后判断"。

【分类二】

① 计数型循环:事先知道循环的次数。

② 非计数型循环:事先不知道循环的次数。

(2) For⋯Next 语句的格式与使用

```
For  循环控制变量 = 初值  To  终值  Step  步长
    循环体
Next  [循环控制变量]
```

注意:这种格式适合描述"计数型循环"。

(3) Do⋯Loop 语句的格式与使用

① 无条件循环

```
Do
```

```
        循环体
Loop
```

② 当型循环之一：条件为真时执行循环体

```
Do  While  条件表达式
        循环体
Loop
```

【变形：以下格式与 Do While…Loop 格式完全等价】

```
While  条件表达式
        循环体
Wend
```

③ 当型循环之二：条件为真时结束循环

```
Do  Until  条件表达式
        循环体
Loop
```

④ 直到型循环之一：一旦条件为真，结束循环

```
Do
        循环体
Loop  Until  条件表达式
```

⑤ 直到型循环之二：条件为真时继续执行循环体

```
Do
        循环体
Loop  While  条件表达式
```

（4）循环的嵌套

循环体内又出现循环结构称为"循环的嵌套"或"多重循环"。多重循环的循环次数为每一重循环独立执行次数之积。

（5）其他辅助语句

① Exit 语句

Exit 语句有多种形式：Exit Do、Exit For、Exit Sub 等，用于提前退出某种控制结构。

② End 语句

独立使用的 End 语句用于提前结束程序的运行。

③ Stop 语句

Stop 语句用于暂停程序的运行，相当于在程序代码中设置断点，当单击"继续"按钮 ▶
时，程序继续运行。

④ GoTo 语句

可以与 If 语句联合使用构成循环结构。语句格式如下：

```
GoTo  标号|行号
```

其中，"标号"是以字母开头的字符序列，后面必须加冒号；行号是一个数字序列。

6.2 实验目的

1. 正确使用赋值语句；
2. 熟练掌握各种输入、输出语句，并合理地选择、应用；
3. 熟练掌握各种 If 语句的使用；
4. 熟练掌握使用情况语句、If 的嵌套、多分支 If 语句处理多种选择的联系和区别；
5. 熟练掌握各种循环语句的使用；
6. 熟练掌握循环的嵌套；
7. 熟悉几个重要的算法：累加、累乘、穷举、迭代、判断素数、辗转相除法求两正整数的最大公约数、求最值、牛顿迭代法及二分法求方程的根；
8. 熟练掌握规则图形的输出。

6.3 模仿类实验

【实验 6-1】 高级绘图铅笔在文具批发市场的零售价格为 1 元/支；购买支数 $x<100$ 支，按零售处理；$100 \leqslant x<500$，八折；$500 \leqslant x<800$，七折；$800 \leqslant x<1000$，六折；$x \geqslant 1000$，五折。编程输出客户应付款，参考界面如图 6-4 所示。

【解析】 本题是典型的多重选择。通过下面 4 种方法的对比可以发现，使用多分支 If 语句、情况语句、If 的嵌套和单分支 If 语句都可以完成多重选择的任务。

图 6-4 实验 6-1 参考界面

【方法一：使用多分支 If 语句】

```
Private Sub Command1_Click()
  Dim x As Integer, cost As Single
  x = Text1
  If x >= 1000 Then
    cost = x * 0.5
  ElseIf x >= 800 Then
    cost = x * 0.6
  ElseIf x >= 500 Then
    cost = x * 0.7
  ElseIf x >= 100 Then
    cost = x * 0.8
  Else
    cost = x * 1
  End If
  Text2 = cost & "元"
End Sub
```

【方法二：使用情况语句】

```
Private Sub Command1_Click()
```

```
        Dim x As Integer, cost As Single
        x = Text1
        Select Case x \ 100
          Case Is >= 10
            cost = x * 0.5
          Case 8, 9
            cost = x * 0.6
          Case 5 To 7
            cost = x * 0.7
          Case 1 To 4
            cost = x * 0.8
          Case Else
            cost = x * 1
        End Select
        Text2 = cost & "元"
    End Sub
```

【方法三：使用 If 的嵌套】

```
Private Sub Command1_Click()
    Dim x As Integer, cost As Single
    x = Text1
    If x >= 1000 Then
        cost = x * 0.5
    Else
        If x >= 800 Then
            cost = x * 0.6
        Else
            If x >= 500 Then
                cost = x * 0.7
            Else
                If x >= 100 Then
                    cost = x * 0.8
                Else
                    cost = x * 1
                End If
            End If
        End If
    End If
    Text2 = cost & "元"
End Sub
```

【方法四:使用多个单分支 If 语句】

```
Private Sub Command1_Click()
    Dim x As Integer, cost As Single
    x = Text1
    If x < 100 Then cost = x * 1
    If x >= 100 And x < 500 Then cost = x * 0.8
    If x >= 500 And x < 800 Then cost = x * 0.7
    If x >= 800 And x < 1000 Then cost = x * 0.6
    If x >= 1000 Then cost = x * 0.5
```

```
    Text2 = cost
End Sub
```

【**实验 6-2**】输出 100 以内的所有素数,每输出 5 个换一行,参考界面如图 6-5 所示。

【**解析**】若用文本框完成输出,则必须首先将其 MultiLine 属性设置为 True。另须在程序中定义一个布尔型变量 flag,用于记录某数是否为素数。这是一个典型的穷举法,对 2~100 之间的每一个数按数学定义进行判断:"一个大于等于 2 的整数,若只能被 1 和自身整除,就是素数。"

图 6-5　实验 6-2 参考界面

```
Private Sub Command1_Click()
    Dim n As Integer, k As Integer, g As Integer
    Dim flag As Boolean
    Text1 = ""
    For n = 2 To 100
      flag = True                '总是先假设 n 就是素数
      For k = 2 To n − 1
        If n Mod k = 0 Then
          flag = False           '一旦不是素数,就修改 flag 的值
          Exit For
        End If
      Next k
      If flag = True Then
        g = g + 1                '记录素数的个数
        Text1 = Text1 & Space(4 − Len(CStr(n))) & CStr(n)
            '让每个数占 4 列显示,不足左边补空格
        If g Mod 5 = 0 Then Text1 = Text1 & vbCrLf   '每输出 5 个数就换行输出
      End If
    Next n
End Sub
```

【**实验 6-3**】任意读入两个正整数,求出它们的最小公倍数。

【**解析**】可以先用"辗转相除法"求出两数的最大公约数,再用两数之积除以其最大公约数,可得最小公倍数。也可以试着看某数的 1 倍、2 倍、……、n 倍是否为另一数的倍数,一旦是即终止,即得所求。

【**方法一:利用最大公约数求最小公倍数**】

```
Private Sub Command1_Click()
    Dim x%, y%, z%, r%
    Do
      x = InputBox("x > 0")
      y = InputBox("y > 0")
    Loop Until x > 0 And y > 0     '确保 x、y 为正整数
    z = x * y                       '保留住 x、y 的乘积
    r = x Mod y
    Do While r < > 0
```

```
      x = y
      y = r
      r = x Mod y
   Loop
   Print y
   Print z / y                    'y中保留两数的最大公约数
End Sub
```

【方法二：试着看某数的 1 倍、2 倍、……、n 倍是否为另一数的倍数，一旦是即终止，即得所求】

```
Private Sub Command1_Click()
   Dim x%, y%, k%
   Do
      x = InputBox("x > 0")
      y = InputBox("y > 0")
   Loop Until x > 0 And y > 0    '确保 x、y 为正整数
   k = 1
   Do While k * x Mod y < > 0
    k = k + 1
   Loop
   Print x * k
End Sub
```

【实验 6-4】任意读入一个整数，输出其每个数位上的数字，及其符号位。若为 0，则在"符号位"对应的文本框中输出"0 不分正负"，参考界面如图 6-6 所示。

【方法一：利用"任何正整数整除 10 的余数即得该数个位上的数字"的特点，用循环从低位到高位依次取出整数的每一数位上的数字。每求得一次"个位数字"，就让原数缩小 10 倍，再重复求新数的个位数字，直到商为 0 时终止】

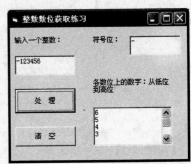

图 6-6　实验 6-4 参考界面

```
Option Explicit
Private Sub Command1_Click() '单击"处理"按钮
   Dim x As Long, s As Integer, fh As String
   x = Text1
   If x < 0 Then                  '处理符号位信息
      fh = " - ": x =- x
   ElseIf x = 0 Then
      fh = "0 不分正负"
   Else
      fh = " + "
   End If
   Text2 = fh
   Label3.Caption = Label3.Caption & "从低位到高位"
   Do
      s = x Mod 10               '获取各数位上的数值
```

```
    Text3 = Text3 & s & vbCrLf
    x = x \ 10
  Loop Until x = 0
End Sub


Private Sub Command2_Click()             '单击"清空"按钮
  Text1 = ""
  Text2 = ""
  Text3 = ""
  Label3.Caption = "各数位上的数字："
End Sub
```

【方法二：利用 CStr 函数将数值转换成字符串后，用 Mid 函数抓取出每一个数符】

```
Option Explicit
Private Sub Command1_Click()             '单击"处理"按钮
  Dim x As Long, s As String, fh As String
  Dim i As Integer
  x = Text1
  If x < 0 Then
    fh = " - ": x = - x
  ElseIf x = 0 Then
    fh = "0 不分正负"
  Else
    fh = " + "
  End If
  s = CStr(x)  '不要用 Str 函数，因为对正数，会多一位符号空位
  Text2 = fh
  Label3.Caption = Label3.Caption & "从低位到高位"
  For i = Len(s) To 1 Step - 1
    Text3 = Text3 & Mid(s, i, 1) & vbCrLf
  Next i
End Sub


Private Sub Command2_Click()             '单击"清空"按钮
  Text1 = ""
  Text2 = ""
  Text3 = ""
  Label3.Caption = "各数位上的数字："
End Sub
```

方法一目前只能从"低位到高位"依次输出每位数字；方法二既可以从"低位到高位"，也可以从"高位到低位"输出每位数字（只需将 For 循环改为"For i = 1 To Len(s)"即可）。

【实验 6-5】任意生成 10 个 10～99 之间的整数（添加到列表框中），输出其中的最大数、最小数和平均值，参考界面如图 6-7 所示。

```
Private Sub Command1_Click()             '单击"计算"按钮
  Dim x As Integer, i As Integer
  Dim ave As Single, max As Integer, min As Integer
  Randomize
  x = Int(Rnd * (99 - 10 + 1) + 10)  '生成第一个随机二位数
  List1.AddItem x
```

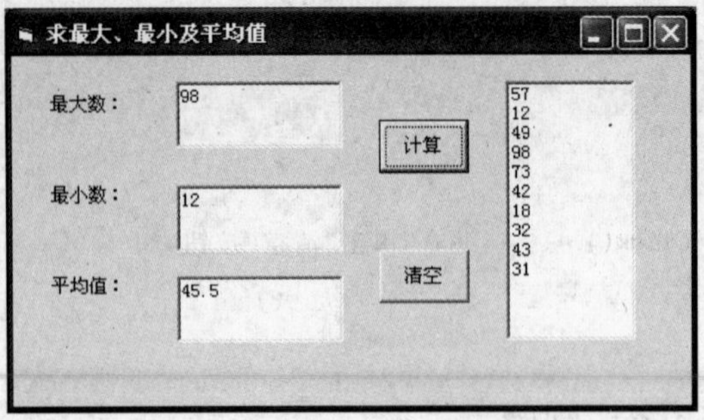

图 6-7　实验 6-5 参考界面

```
  ave = x
  max = x
  min = x
  For i = 2 To 10
    x = Int(Rnd * (99 - 10 + 1) + 10)        '迭代
    List1.AddItem x
    ave = ave + x                            '累加
    If x > max Then max = x
    If x < min Then min = x
  Next i
  Text1 = max
  Text2 = min
  Text3 = ave / 10
End Sub
Private Sub Command2_Click()                  '单击"清空"按钮
  Text1 = ""
  Text2 = ""
  Text3 = ""
  List1.Clear
End Sub
```

【实验 6-6】用牛顿迭代法求下列方程在 1.5 附近的根：$2x^3-4x^2+3x-6=0$。

【解析】牛顿迭代法又称牛顿切线法。先设
定一个与真实的根接近的值 x_0 作为第一次近似
根，由 x_0 求出 $f(x_0)$，过 $(x_0,f(x_0))$ 点做 $f(x)$
的切线，交 x 轴于 x_1，把它作为第二次近似根，
再由 x_1 求出 $f(x_1)$，过 $(x_1,f(x_1))$ 点做 $f(x)$ 的
切线，交 x 轴于 x_2，如图 6-8 所示。如此继续下
去，直到足够接近（比如 $|x-x_0|<1E-6$ 时）真
正的根 x^* 为止。

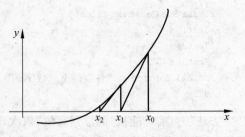

图 6-8　牛顿迭代法示意图

由 $f'(x_0)=f(x_0)/(x_1-x_0)$ 得迭代公式：$x_1=x_0-f(x_0)/f'(x_0)$

```
Private Sub Command1_Click()
  Dim x!, x0!, f!, f1!
  x = 1.5
  Do
    x0 = x
```

```
    f = 2 * x0 * x0 * x0 − 4 * x0 * x0 + 3 * x0 − 6
    f1 = 6 * x0 * x0 − 8 * x0 + 3
    x = x0 − f / f1
  Loop While (Abs(x − x0) > = 0.00001)
  Print "近似根为: "; x
End Sub
```

6.4 练习类实验

【**练习 6-1**】任意读入 3 个数,然后按从小到大的顺序输出这 3 个数。

【**提示**】一般的思路是,若用变量 a、b、c 表示读入的 3 个数,则分 6 种情况输出,即"$a \leqslant b \leqslant c$"、"$a \leqslant c \leqslant b$"、"$b \leqslant a \leqslant c$"、"$b \leqslant c \leqslant a$"、"$c \leqslant b \leqslant a$"和"$c \leqslant a \leqslant b$"。

以上方法很繁琐。建议让 a 存放最小数、b 存放次小数、c 存放最大数。

【**练习 6-2**】任意读入一个年份,判断其是否为闰年(闰年即能被 400 整除或能被 4 整除却不能被 100 整除的年份,比如: 2000 年、2008 年均为闰年)。

【**练习 6-3**】输出 1000 以内既能被 3 又能被 7 整除的所有正整数之和。

【**练习 6-4**】编程计算 $1-2+3-4+\cdots+99-100$ 的和。

【**练习 6-5**】计算下式的值: $1+1/2!+1/3!+1/4!+1/5!+\cdots$,直到某项的值 $\leqslant 10^{-6}$ 为止。

【**练习 6-6**】任意读入一个字符串,统计其中小写字母出现的次数。

【**练习 6-7**】用"多分支 If 语句、Select 语句、If 的嵌套"三种方法编写下列程序:某学校考试实行百分制,输入某人分数 fs,若 fs≥90 分,则输出"A";若 80≤fs<90,则输出"B";若 70≤fs<80,则输出"C";若 60≤fs<70,则输出"D";若 fs<60 分,则输出"E"。

要求:设计如图 6-9 所示界面,完成以上任务。

【**练习 6-8**】编程使用循环语句输出如下菱形。

要求:使程序具有灵活性,即只要读入行值即可改变图形的大小。

图 6-9 练习 6-7 参考界面

```
         *
        ***
       *****
      *******
     *********
    ***********
     *********
      *******
       *****
        ***
         *
```

【**提示**】分上、下两个三角形分别处理。

6.5　常见问题和错误解析

1. 书写问题

（1）给多个变量赋同样值，不能用一个语句实现，例如，想给 x、y、z 三个变量都赋值5，若写成：

```
Dim x%, y%, z%
x = y = z = 5
Print x, y, z
```

执行后，系统并不报错，但输出结果却为三个 0。为什么呢？因为系统先将"y＝z＝5"理解成一个表达式，将其值赋给变量 x。而"y＝z＝5"又被理解成一个关系表达式，先比较"y＝z"，由于 x、y、z 的默认值都为 0，所以 y 与 z 相等，结果为"True"；再比较"True＝5"，由于在 VB 中可以将"True"在与数值型数据发生运算时处理成"－1"，而"－1＝5"的比较结果为 False；最后将 False 转化成 0 再赋值给 x。故输出结果为三个 0。

正确的做法是用三个赋值语句分别给 x、y、z 赋值：

```
x = 5
y = 5
z = 5
```

（2）If 语句采用多行（以 End If 结束）格式时，必须在 Then 后开始换行，Else 独占一行（否则要加"："分隔）；而单行式的 If 语句，则必须在一行内写完，否则要加续行符（空格_）。

（3）If 的嵌套中容易缺少配套的 End If。应采用缩进格式（锯齿式）书写，就不容易出此错误了。

（4）采用多分支 If 语句描述时，注意 ElseIf 的 Else 与 If 之间不能加空格，且建议各条件表达式应从大到小依次表示，或从小到大依次表示，以避免条件冲突等问题出现。例如，输入成绩（百分制）score，显示对应的五级制评定，评定依据为：

$$
等级 = \begin{cases} 不及格 & score < 60 \\ 及格 & 60 \leqslant score < 70 \\ 中 & 70 \leqslant score < 80 \\ 良 & 80 \leqslant score < 90 \\ 优 & score \geqslant 90 \end{cases}
$$

以下给出五种书写法，请仔细分析，判断对错。

【方法一】
```
If score < 60 Then
   Print "不及格"
ElseIf score < 70 Then
   Print "及格"
ElseIf score < 80 Then
   Print "中"
```

【方法二】
```
If score >= 90 Then
   Print "优"
ElseIf score >= 80 Then
   Print "良"
ElseIf score >= 70 Then
   Print "中"
```

```
ElseIf score < 90 Then
    Print "良"
Else
    Print "优"
End If
```

```
ElseIf score >= 60 Then
    Print "及格"
Else
    Print "不及格"
End If
```

【方法三】
```
If score >= 60 Then
    Print "及格"
ElseIf score >= 70 Then
    Print "中"
ElseIf score >= 80 Then
    Print "良"
ElseIf score >= 90 Then
    Print "优"
Else
    Print "不及格"
End If
```

【方法四】
```
If score >= 90 Then
    Print "优"
ElseIf 80 <= score < 90 Then
    Print "良"
ElseIf 70 <= score < 80 Then
    Print "中"
ElseIf 60 <= score < 70 Then
    Print "及格"
Else
    Print "不及格"
End If
```

【方法五】
```
If score >= 90 Then
    Print "优"
ElseIf 80 <= score And score < 90 Then
    Print "良"
ElseIf 70 <= score And score < 80 Then
    Print "中"
ElseIf 60 <= score And score < 70 Then
    Print "及格"
Else
    Print "不及格"
End If
```

其中,方法一、方法二、方法五是正确的,方法三、方法四是错误的,请分析错误原因。

(5) Select Case 语句的"表达式列表 i"中不能出现"变量或表达式"中出现的变量或表达式。例如,用 Select Case 语句改写上例,如下所示。

【方法一:错误,但系统不报错,而是始终执行 Case Else 子句】

```
Select Case score
    Case score >= 90
        Print "优"
    Case score >= 80
        Print "良"
    Case score >= 70
        Print "中"
    Case score >= 60
        Print "及格"
    Case Else
        Print "不及格"
End Select
```

【方法二:正确】

```
Select Case score
    Case Is >= 90
        Print "优"
    Case Is >= 80
        Print "良"
    Case Is >= 70
        Print "中"
    Case Is >= 60
        Print "及格"
    Case Else
        Print "不及格"
End Select
```

【方法三：正确】

```
Select Case score
    Case 90 To 100
        Print "优"
    Case 80 To 89
        Print "良"
    Case 70 To 79
        Print "中"
    Case 60 To 69
        Print "及格"
    Case Else
        Print "不及格"
End Select
```

(6) 循环嵌套时，内外循环交叉。例如：

```
For i = 1 To 3
  For j = 1 To 4
    …
  Next i
Next j
```

上述程序段运行时报"无效的 Next 控件变量引用"错误。外循环必须完全包含（套住）内循环，不得交叉。

2. "等式"与"赋值语句"容易混淆

由于 VB 中的"等号运算符"和"赋值号"同为"＝"，故初学者极易将"等式"与"赋值语句"混淆。区别技巧是："赋值语句"总是独立成句；而"等式"则一般出现在 If 语句或 Do…Loop 语句的"条件表达式"位置，或出现在赋值语句的右边，充当表达式，或出现在输出语句中，总之其特点是不独立成句。例如：

```
Private Sub Command1_Click()
    Dim x As Boolean, a As Integer
    Randomize
    a = Int(Rnd * (9 - 1 + 1) + 1)      '赋值语句
    Print a
```

```
    If a = 8 Then                          '等式
      x = a = 8                            '赋值语句,但右边表达式为等式
    Else
      x = a < > 8
    End If
    Print x, a = 8                         '等式
End Sub
```

以上程序执行时,若 a 值恰好为 8,则输出为"True　True";否则,输出均为"True　False"。

3. 从 InputBox 函数及文本框输入数据的类型默认为字符型

由于 VB 允许变量不声明就使用变体型变量,而从 InputBox 函数及文本框输入的数据类型默认为字符型,在处理数值数据问题时,容易出现类似下列问题。

【例 6-5】任意读入两个整数,按从小到大的顺序输出这两个数。

【初学者编写的程序】

```
Private Sub Command1_Click()
    a = InputBox("输入整数 a")
    b = InputBox("输入整数 b")
    If a < b Then
      Print a, b
    Else
      Print b, a
    End If
End Sub
```

依次输入 12 和 9,输出结果见图 6-10。

程序的算法没有问题,为什么会出现错误结果呢? 错误源于:由 InputBox 函数输入的两个数据实际上是字符串"12"和"9",变体型变量获得的值的类型是什么,该变量的类型就是什么,而字符串的大小比较方法是:按各字符的ASCII 码值从左到右一一比较,即首先比较两个字符串的第1 个字符,ASCII 码值大的那个字符串就大;若第 1 个字符相等,则比较第 2 个字符,以此类推,直到出现不同的字符为止。因此字符串"12"小于字符串"9"。正确的修改办法有以下两种。

图 6-10　例 6-5 执行结果界面

【方法一:用 Val 函数转换类型】

```
Private Sub Command1_Click()
    a = Val(InputBox("输入整数 a"))        '用 Val 函数转换类型
    b = Val(InputBox("输入整数 b"))        '用 Val 函数转换类型
    If a < b Then
      Print a, b
    Else
      Print b, a
    End If
End Sub
```

【方法二：对变量正确地声明】

```
Private Sub Command1_Click()
  Dim a%, b%                    ' 对变量正确声明类型
  a = InputBox("输入整数 a")
  b = InputBox("输入整数 b")
  If a < b Then
    Print a, b
  Else
    Print b, a
  End If
End Sub
```

　　【特别提醒】养成对所有变量正确声明的习惯非常重要。因此，建议编程时加上 Option Explicit 语句，强制做到"变量先声明后使用"。

4. 字符型数据不适合用 Print 方法的紧凑格式输出

　　当用 Print 方法输出多个数据对象时，若数据之间用逗号做分隔符，在输出前一个对象后，光标定位在下一个打印区（隔 14 列）的开始处；若数据之间用分号做分隔符，且输出对象为数值型数据，该数据对象前面有一个符号位，后面有一个空格，但若将字符数据按紧凑格式输出，则字符前后都没有空格，从而分不清有几个字符数据。例如：

```
Print "ABC"; "de"; "FG"
```

显示输出为 ABCdeFG，会被误认为是一个字符串。正确的做法是用逗号分隔它们，若想紧凑一些输出，则可以用字符连接符在各个字符数据对象之间连上一个空格符来实现。例如：

```
Print "ABC" & " " & "de" & " " & "FG"
```

5. 不循环或死循环

　　出现不循环（循环体一次都不执行）或死循环（循环永不终止）的情况多因循环控制变量的初值、终值，循环条件、步长的设置有问题，下面列举 4 种最常见的情况。

```
For k = 10 To 1
  ⋮
Next k
```

此例的循环体不执行，默认步长为 1，即正值，而初值必须小于等于终值，循环才能执行。

```
Do While False
  ⋮
Loop
```

此例的循环体不执行，因为循环条件永远不满足。

```
Do While True
  ⋮
Loop
```

此例为死循环,因为循环条件永远满足。

```
For k = 1 To 10 Step 0
    ⋮
Next k
```

此例为死循环,因为步长为 0。

当出现死循环时,可以按下 Ctrl+Break 组合键终止死循环。

6. If 语句、Do…Loop 语句中条件表达式的逻辑等价式

(1)逻辑型变量 B 与 B=True、B<>False 逻辑等价,原因见表 6-2。

```
Dim B As Boolean
    ⋮
If B Then                          '可将 B 改用"B <> False 或 B = True"替代
    Print "真"
Else
    Print "假"
End If
```

表 6-2 逻辑等价式真值表

B 的取值	B = True 的结果	B <> False 的结果
True	True	True
False	False	False

(2)数值型变量 N 与 N<>0、N=0 逻辑等价,原因见表 6-3。

```
Dim N As Single
N = Val(Text1)
If N Then                          '可将 N 改用"N<>0 或 N = 0"替代
    Print "真"
Else
    Print "假"
End If
```

表 6-3 数值型数据作条件表达式的逻辑等价式真值表

N 的取值	N = 0 的结果	N <> 0 的结果
0(当作 False)	True	True
非 0(当作 True)	False	False

注意:在将数值型数据当作逻辑表达式使用时,系统将"0 值当作 False"、将"非 0 值当作 True";但是,在将逻辑型数据当作数值型数据使用时,将"False 转换成 0",而将"True 转换成-1"。例如,下列语句的输出结果是 0 和 4。

```
Print 5 * False , 5 + True
```

6.6　提高题与兴趣题

【习题 6-1】使用循环的嵌套灵活输出如图 6-11 所示的"圣诞树"(输入树冠的行数介于 5～20 之间)。

【解析】为了使得输出的"圣诞树"大小可以灵活变化,使用 InputBox 函数读入"树冠"的行数,再用双重循环一行一行地输出"树冠"。

【方法一:使用双重循环输出树冠】

```vb
Private Sub Command1_Click()
    Dim N As Integer
    Dim i As Integer, j As Integer
    N = InputBox("输入树冠行数")
    If N < 5 Or N > 20 Then
        MsgBox "树太小或太大了!", , , "结束程序"
        End
    End If
    For i = 1 To N
        '以下循环输出树冠每一行的前导空格
        For j = 1 To N - i
            Picture1.Print " ";
        Next j
        '以下循环输出树冠每一行的 * 号
        For j = 1 To 2 * i - 1
            Picture1.Print "*";
        Next j
        Picture1.Print
    Next i
    '以下循环输出树干
    For i = 1 To N / 3
        Picture1.Print Space(N - 1) & "*"
    Next i
    '以下输出底座
    Picture1.Print Space(N - 3) & String(5, "*")
End Sub
```

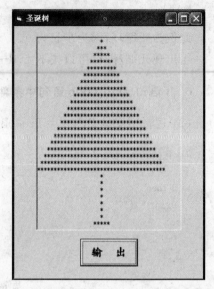

图 6-11　习题 6-1 参考界面

【方法二:使用 Space 函数和 String 函数输出树冠】

```vb
Private Sub Command1_Click()
    Dim N As Integer
    Dim i As Integer, j As Integer
    N = InputBox("输入树冠行数")
    If N < 5 Or N > 20 Then
        MsgBox "树太小或太大了!", , , "结束程序"
        End
    End If
    '以下循环输出树冠
```

```
For i = 1 To N
   Picture1.Print Space(N - i) & String(2 * i - 1, "*")
Next i
'以下循环输出树干
For i = 1 To N / 3
   Picture1.Print Space(N - 1) & "*"
Next i
'以下输出底座
Picture1.Print Space(N - 3) & String(5, "*")
End Sub
```

【习题 6-2】编写一个高速公路收费程序。

根据不同行程，应付费＝基价×各车型收费系数，具体见表 6-4 和表 6-5。

<table>
<tr><td colspan="2" align="center">表 6-4　收费系数</td></tr>
<tr><th>车型</th><th>收费系数 c</th></tr>
<tr><td>小型客车</td><td>1</td></tr>
<tr><td>大型客车</td><td>1.5</td></tr>
<tr><td>货车</td><td>2</td></tr>
</table>

<table>
<tr><td colspan="2" align="center">表 6-5　收费标准</td></tr>
<tr><th>行程 d</th><th>基价 p</th></tr>
<tr><td>d≤100</td><td>20</td></tr>
<tr><td>d≤200</td><td>40</td></tr>
<tr><td>d≤300</td><td>60</td></tr>
<tr><td>d＞300</td><td>80</td></tr>
</table>

【解析】仔细分析题目发现：只有"行车里程"和"车型"需要"输入"，而"车型"只有三种，行程却是随机的。因此，可将不同"车型"以单选按钮的方式用框架围住，执行时，单击选中其中之一即可；"行程"用文本框输入。参考界面如图 6-12 所示。

图 6-12　习题 6-2 参考界面

```
Option Explicit
Private Sub Command1_Click()                    '单击"计算"按钮
    Dim d As Single, pay As Single, c As Single
    c = 1#
    If Option2.Value Then
        c = 1.5
    ElseIf Option3.Value Then
        c = 2#
    End If
    d = Text1.Text
    Select Case d
        Case Is <= 100
            pay = 20 * c
        Case Is <= 200
            pay = 40 * c
        Case Is <= 300
            pay = 60 * c
        Case Else
            pay = 80 * c
    End Select
    Text2.Text = pay
End Sub
```

```
Private Sub Command2_Click()              '单击"清除"按钮
    Text1.Text = ""
    Text2.Text = ""
    Text1.SetFocus
End Sub
Private Sub Command3_Click()              '单击"结束"按钮
    End
End Sub
Private Sub Option1_Click()
    Text1.Text = ""
    Text2.Text = ""
    Text1.SetFocus
End Sub
Private Sub Option2_Click()
    Text1.Text = ""
    Text2.Text = ""
    Text1.SetFocus
End Sub
Private Sub Option3_Click()
    Text1.Text = ""
    Text2.Text = ""
    Text1.SetFocus
End Sub
```

【习题 6-3】某商场发放了一万张奖券,编号为"00001～10000",编程从中抽出一位大奖获得者。参考界面如图 6-13 所示。

图 6-13 习题 6-3 参考界面

【解析】只需用随机函数生成一个 1～10 000 之间的整数即可。但是,为了体现抽奖过程的随机性,对文本框反复刷新后,再输出最终获奖号。为了恭喜获奖者,输出时,可以为窗体的 Picture 属性添加一幅喜庆图画,并弹出"恭喜"信息框。参考程序代码如下:

```
Private Sub Command1_Click()
    Dim num As Integer, i, j, a As Integer
    Randomize
    For i = 1 To 1000
    num = Int(10000 * Rnd) + 1
    a = 0
    For j = 1 To 30000
      a = a + 1
    Next j
    Text1.Text = CStr(num)
    Text1.Refresh
```

```
 Next i
 Text1.Text = CStr(num)
 Form1.Picture = LoadPicture("FU.bmp")
 MsgBox "恭喜您!您中奖了!", , CStr(num)
End Sub
Private Sub Command2_Click()
 End
End Sub
```

【习题 6-4】为"菜鸟"级的电脑初级使用者编写一个程序,以便轻松打开一些常用设置窗口,完成 Windows 的常规操作,参考界面如图 6-14 所示。

【解析】用 Shell 函数和 Select 语句即可轻松完成。

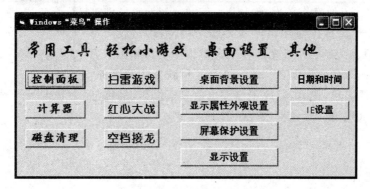

图 6-14 习题 6-4 参考界面

```
Option Explicit
Private Sub Command1_Click(Index As Integer)
 Dim x
 Select Case Index
  Case 0 '控制面板:
   x = Shell("rundll32.exe shell32.dll,Control_RunDLL")
  Case 1 '计算器:
   x = Shell("calc.exe", 1)
  Case 2 '磁盘清理:
   x = Shell("cleanmgr.exe", 1)
  Case 3 '扫雷游戏:
   x = Shell("winmine.exe", 1)
  Case 4 '红心大战:
   x = Shell("mshearts.exe", 1)
  Case 5 '空档接龙:
   x = Shell("freecell.exe", 1)
  Case 6 '桌面背景设置:
   x = Shell("rundll32.exe shell32.dll,Control_RunDLL desk.cpl,,0")
  Case 7 '显示属性外观设置:
   x = Shell("rundll32.exe shell32.dll,Control_RunDLL desk.cpl,,2")
  Case 8 '屏幕保护设置:
   x = Shell("rundll32.exe shell32.dll,Control_RunDLL desk.cpl,,1")
  Case 9 '显示设置:
```

```
      x = Shell("rundll32.exe shell32.dll,Control_RunDLL desk.cpl,,3")
    Case 10 '日期和时间:
      x = Shell("rundll32.exe shell32.dll,Control_RunDLL timedate.cpl")
    Case 11 'IE 设置:
      x = Shell("rundll32.exe shell32.dll,Control_RunDLL inetcpl.cpl")
  End Select
End Sub
```

【习题 6-5】编程帮助网上订购商品：输入商品名称后，选中一种付款方式，则"成交"按钮变为可用，选择任意多种（可以不选择）服务后，单击"成交"按钮，则将"商品名称"、"付款方式"和"服务"的具体内容显示到列表框中，如图 6-15 所示。

【解析】为了方便操作者操作，用 Form_Activate()事件过程，使得程序一开始执行，光标就在文本框中等待输入，成交一笔后，又一次清空文本框并将光标移至文本框中等待输入；为了使操作者不出现操作失误，比如，只选择了付款方式及服务，却忘记输入商品名称，此时，程序不仅弹出信息框提醒，且将已选中的付款方式取消。参考程序代码如下：

图 6-15 习题 6-5 参考界面

```
Private Sub Form_Activate()            '程序一开始,光标就在文本框中等待输入
  Text1 = ""
  Text1.SetFocus
End Sub


Private Sub Option1_Click(Index As Integer)
  If Text1 <> "" Then
     Command1.Enabled = True
  Else
    MsgBox "请输入商品名称!", 48
    Option1(Index).Value = False
    Text1.SetFocus
  End If
End Sub


Private Sub Command1_Click()            '成交则打印订购信息
  List1.AddItem Label1.Caption & Text1.Text
  List1.AddItem Frame1.Caption & ": "
  For k = 0 To 3
    If Option1(k).Value = True Then
      List1.AddItem "   " & Option1(k).Caption
    End If
  Next k
  List1.AddItem Frame2.Caption & ": "
  For k = 0 To 2
    If Check1(k).Value = 1 Then
      List1.AddItem "   " & Check1(k).Caption
    End If
  Next k
```

```
    List1.AddItem ""                        '与下一个订购信息隔一行
    Text1 = ""
    Text1.SetFocus
End Sub

Private Sub Command2_Click()                '放弃则清空所有控件内容
    Text1 = ""
    For k = 0 To 3
        Option1(k).Value = False
    Next k
    For k = 0 To 2
        Check1(k).Value = 0
    Next k
    List1.Clear
    Command1.Enabled = False
End Sub
```

第7章

数组

7.1 知识要点

【引例】任意读入 2 个整数,然后逆序输出这 2 个数。参考程序如下:

```
Option Explicit
Private Sub Command1_Click()
  Dim x%, y%
  x = InputBox("x")
  y = InputBox("y")
  Print y, x
End Sub
```

【思考】若将题目中的 2 改为 3、4、…、30 或更多,怎么办?

只需要定义相应个数的变量,然后一一读入变量的值,输出时按读入的逆序输出各个变量即可。但数据量的增大,给程序的编写带来极大的困难,甚至无法编写。算法如此简单,程序却难以编写了,问题出在数据之间的组织方式,即数据结构。

用数组完成此题的代码如下:

```
Option Explicit
Private Sub Command1_Click()
  Const  n% = 30                    '数据个数由 n 决定,一旦变化,只修改此处即可
  Dim a(1 To n) As Integer, i As Integer
  For i = 1 To n
    a(i) = InputBox("输入一个数")
  Next i
  For i = n To 1 Step -1
    Print a(i)
  Next i
End Sub
```

【结论】数据量增大时,有必要引入数组这种数据类型。

数组一般用于存放一批性质相同的数据集合(尽管 VB 允许数组的各个元素存放不同类型的数据)。数组必须先声明后使用,根据声明时是否确定数组中元素的个数,可将数组分为定长数组和动态数组两种,动态数组在程序运行时才分配存储空间。

数组元素的使用与同类型的简单变量相同。

1. 定长数组的声明

【一维数组的声明格式】

Dim 数组名(下界 To 上界)As 类型名

【二维数组的声明格式】

Dim 数组名(下界 1 To 上界 1,下界 2 To 上界 2)As 类型名

其中,下界和上界必须是常量,一般是整型常量或整型常量表达式,不能是变量或含变量的表达式;下界必须小于或等于上界,数组元素的个数由"上界－下界＋1"确定;"下界 To"可以省略,默认下界值为 0;也可以用 Option Base 1 或 Option Base 0(与默认值一样)规定下界,但若与显式说明的"下界"冲突时,以显式说明的为准。

若将"As 类型名"省略,则为变体型数组,此时,允许将不同类型的数据赋给各个数组元素。

2. 动态数组的声明和使用

【声明格式】

Dim 数组名( ) [As 类型名]

其中,"( )"不能省略。因为没有确定数组的维数和大小,在使用动态数组前必须用以下方式重新定义:

ReDim [Preserve] 数组名([下界 To]上界[,[下界 To]上界[,…]])

注意:动态数组的下界、上界可以是常量,也可以是已经获得值的变量或表达式。若有 Preserve 关键字,则在改变原有数组大小时,可以保持数组中原来的数据。

3. 数组的基本操作和相关算法

必须掌握的数组的基本操作有:数组元素的输入、输出,数组元素的插入、删除,数组的清除等。

与数组相关的重要算法有求数组中元素的最大值(或最小值)及其下标、查找、排序等。

4. 数组的相关函数

(1) 确定数组下界和上界的函数:LBound 和 UBound 函数,这两个函数可以增强程序的通用性(详见第 8 章)。

(2) Array 函数。通过给变体型变量或变体型动态数组赋值,生成一个变体型数组,轻松实现对数组的初始化(给数组各元素赋初值)。下界默认为 0,或由 Option Base 规定,数组元素的个数由所赋值的个数确定。例如:

【例 7-1】数组赋值示例 1。

```
Private Sub Command1_Click()
    Dim a(), b, i As Integer
```

```
    a = Array(1, 2, 3, 4)
    b = Array("One", "Two", "Three")
    For i = 0 To 3
      Print a(i)
    Next i
    For i = 0 To 2
      Print b(i)
    Next i
    b = a                              ' 数组整体赋值的特例,见以下"注意"
    For i = 0 To 3
      Print b(i)
    Next i
  End Sub
```

注意：给数组元素赋值通常使用循环语句，给每一个元素一一赋值；像本例中这样的整体赋值是有前提条件的：①赋值号左边只能是变体型变量或各种数据类型的动态数组，当赋值号左边为变体型变量或变体型动态数组时，右边数组的数据类型没有限制；若赋值号左边是除变体类型外的其他数据类型的动态数组时，右边数组的数据类型必须与左边一致；②若赋值号左边是动态数组或变体型变量，则赋值时系统自动将其 ReDim 成与右边同样大小的数组。

【例 7-2】数组赋值示例 2。

```
Private Sub Command1_Click()
  Dim a, b( ) As Integer
  Dim i As Integer, c(3) As Integer
  For i = 0 To 3
    c(i) = i
  Next i
  a = c
  b = c                              ' 赋值号左边、右边的数据类型都为 Integer 型
  For i = 0 To 3
    Print a(i); b(i); c(i)
  Next i
End Sub
```

程序中 a、b 通过 c 的赋值，变成了与 c 一样的含有 4 个元素的数组。

5. 控件数组

控件数组由一组相同的控件组成，它们共用一个控件名。控件数组适用于若干个控件执行的操作相似的情况，控件数组共享相同的事件过程。

6. 自定义类型及其数组

表格数据是经常要处理的一种数据，但表中各数据项的数据类型通常不一样，尽管 VB 允许变体型数组的各数组元素存放不同类型的数据，但是可读性不强，因此要引入自定义类型及其数组来描述表格数据。

（1）自定义类型的定义格式

```
Type 自定义类型名
    元素名 1  As  数据类型名
    元素名 2  As  数据类型名
      ⋮
    元素名 n  As  数据类型名
End Type
```

（2）声明自定义类型的变量

定义了"自定义类型"，就如同系统定义了 Integer 等数据类型一样，接下来必须声明该类型的变量，才能分配内存单元。

（3）自定义类型变量元素的引用格式

　　自定义类型变量.元素名

（4）自定义类型数组

一般用"自定义类型"来声明数组，用来描述表格数据。

（5）举例

【例 7-3】某高三毕业班有三名同学（Gao、Liu、Hu）获得全国数学竞赛二等奖，现只有一个南京大学的保送名额，必须通过投票选举出得票最高的同学保送南大。假设全班共有 50 名同学全部参加了投票，每人推举一名候选人，选票全部有效。编写唱票程序：输出三名候选人的得票数，程序的参考界面如图 7-1(a) 所示。

候选人姓名	得票数
Gao	
Liu	
Hu	

　　　　　　(a)　　　　　　　　　　　　　　　　(b)

图 7-1　例 7-3 参考界面及输出结果

　　【解析】将每一张选票上的姓名与"Gao"、"Liu"、"Hu"一一比对，一旦与其中某一个相同，则对应票数（计数器）增 1。最终得出类似图 7-1(b) 的输出结果。

以下给出两种方法，以供参考，请自行比较两种方法的优劣。

【方法一：使用自定义类型数组】

```
Option Base 1
Private Type STU                    '自定义类型 STU
   Name As String
   Num As Integer
End Type
Private Sub Command1_Click()
   Dim a(3) As STU
   Dim i As Integer, j As Integer
   Dim xm As String
```

```vb
      a(1).Name = "Gao"
      a(2).Name = "Liu"
      a(3).Name = "Hu"
      For i = 1 To 3                            '各人计数器清 0
        a(i).Num = 0
      Next i
      '统计各人得票
      For i = 1 To 50                           '实际调试时可改为 5 人
        xm = InputBox("输入选票上的姓名")
        For j = 1 To 3
          If a(j).Name = xm Then
            a(j).Num = a(j).Num + 1
          End If
        Next j
      Next i
      For i = 1 To 3                          '输出各人得票
        List1.AddItem a(i).Name & Space(9 - Len(a(i).Name)) & a(i).Num
      Next i
  End Sub


  Private Sub Form_Load()
      List1.AddItem "候选人：得票数"
  End Sub
```

【方法二：使用变体型数组】

```vb
Option Base 1
Private Sub Command1_Click()
    Dim a(3, 2)
    Dim i As Integer, j As Integer
    Dim xm As String
    a(1, 1) = "Gao"
    a(2, 1) = "Liu"
    a(3, 1) = "Hu"
    For i = 1 To 3                            '各人的计数器清 0
      a(i, 2) = 0
    Next i
    For i = 1 To 50                           '实际调试时可改为 5 人
      xm = InputBox("输入选票上的姓名")
      For j = 1 To 3
        If a(j, 1) = xm Then
          a(j, 2) = a(j, 2) + 1
        End If
      Next j
    Next i
    For i = 1 To 3
      List1.AddItem a(i, 1) & Space(9 - Len(a(i, 1))) & a(i, 2)
    Next i
End Sub


Private Sub Form_Load()
```

```
   List1.AddItem "候选人：得票数"
End Sub
```

注意：自定义数据类型一般在标准模块(.bas)中定义，默认是 Public。若在窗体模块的通用声明段定义，则必须加关键字"Private"。

7. 列表框和组合框

列表框和组合框实际上就是存放字符串的数组，以可视化形式直观地显示出来。两者的区别是：组合框组合了文本框和列表框的特性。

列表框(或组合框)的 List 属性，用来列出表项的内容。List 属性相当于保存了列表框(或组合框)中所有值的数组，可以通过下标(从 0 值开始)访问数组即列表框(或组合框)中的每一项。ListCount 属性列出列表框(或组合框)中表项的数量，故列表框(或组合框)中的最后一项的下标是"ListCount−1"。即，列表框(或组合框)中的第一项为 List1.List(0)(或 Combo1.List(0))；最后一项为 List1.List(ListCount−1)(或 Combo1.List(ListCount−1))。

7.2　实验目的

1. 正确掌握数组的定义、赋值、清除等操作；
2. 熟练掌握一维数组元素的插入、删除等基本操作；
3. 熟悉几个重要的算法：查找(线性即顺序查找、折半即二分法查找)、排序(冒泡、选择、插入、归并)、矩阵转置等；
4. 正确引用列表框(或组合框)中的每一项。

7.3　模仿类实验

【实验 7-1】编程实现如下功能：把 10 个随机产生的 [10，99]范围内的数输出到列表框中，再求得其中的最小数。参考界面如图 7-2 所示。

【解析】列表框中的每一项都是"字符串型"数据，故使用 Val 函数转换成数值型数据后再与数值数据发生联系。

图 7-2　实验 7-1 参考界面

```
Private Sub Command1_Click()          '单击"处理"按钮
  Dim i As Integer, min As Integer
  Randomize
  For i = 1 To 10   '生成10个随机数并放入列表框 List1 中
    List1.AddItem Int((99 - 10 + 1) * Rnd + 10)
  Next i
  min = Val(List1.List(0))            '求最小随机数
  For i = 1 To List1.ListCount - 1
    If Val(List1.List(i)) < min Then
      min = Val(List1.List(i))
    End If
```

```
    Next i
    Text1 = min                          '在文本框 Text1 中显示最小随机数
End Sub

Private Sub Command2_Click()             '单击"清除"按钮
    List1.Clear
    Text1 = ""
End Sub
```

【实验 7-2】编程实现如下功能：把 10 个随机产生的 [1，10] 范围的数首尾相连，分别将相邻的 4 个数相加的最大值找出来，并给出这 4 个数的开始位置。程序参考界面如图 7-3 所示。

【解析】形成 n 个数首尾相连的技巧是：用 Mod 运算符来求 n 的余数作为数组的下标，形成 0～n-1 的周而复始。注意，每次求新 4 个连续数之和时必须对 sum 初始化，即赋值 0。

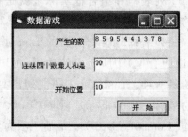

图 7-3 实验 7-2 参考界面

参考程序如下：

```
Option Explicit
Private Sub Command1_Click()
    Dim x() As Integer
    Dim i As Integer, j As Integer, k As Integer, n As Integer
    n = 10
    ReDim x(n)
    Randomize
    For i = 0 To UBound(x) - 1            '生成随机数并显示于文本框内
        x(i) = Int(10 * Rnd + 1)
        Text1.Text = Text1.Text & x(i) & " "
    Next i
    Call Find(x, n)
End Sub

Private Sub Find(x() As Integer, n As Integer)
    Dim i As Integer, j As Integer, k As Integer
    Dim sum As Integer, max As Integer
    max = 0
    For i = 0 To UBound(x) - 1
        sum = 0                           '每次求新 4 个连续数之和前，sum 清 0
        For j = 0 To 3
            sum = sum + x((i + j) Mod n)
        Next j
        If max < sum Then
            max = sum
            k = i
        End If
    Next i
    Text2.Text = max
    Text3.Text = k + 1
End Sub
```

【实验7-3】任意读入一个字符串,统计其中每个小写字母出现的次数。参考界面如图 7-4 所示。

【解析】可以定义含有 26 个元素的整型数组,分别记录字母 a～z 的出现次数。若数组下界为 1,则下标为 1 的元素存放 a 的个数;下标为 2 的元素存放 b 的个数,以此类推,可以发现对应计数器的下标与相应字母的 ASCII 码值之间相差 96,因为字母 a 的 ASCII 码值为 97。参考程序如下:

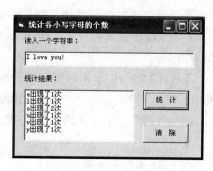

图 7-4　实验 7-3 参考界面

```
Option Explicit
Option Base 1
Private Sub Command1_Click()
  Dim s As String, x As String * 1, i As Integer, k As Integer
  Dim n(26) As Integer              '定义含有 26 个元素的数组,分别记录 a～z 的个数
  s = Text1
  For i = 1 To 26
    n(i) = 0                        '26 个计数器清 0
  Next i

  For i = 1 To Len(s)
    x = Mid(s, i, 1)
    If x >= "a" And x <= "z" Then
      k = Asc(x) - Asc("a") + 1    '求出统计某小写字母次数的元素的下标
      n(k) = n(k) + 1              '相应计数器增 1
    End If
  Next i
  For i = 1 To 26
    If n(i) <> 0 Then              '字母 a 的 ASCII 码值为 97
      List1.AddItem Chr(i + 96) & "出现了" & n(i) & "次"
    End If
  Next i
End Sub

Private Sub Command2_Click()
  Text1 = ""
  List1.Clear
End Sub
```

【说明】本程序中方框内的 For 循环语句可以省略,因为 VB 的数值型数据的默认值就为 0,但显式表达出来有两个好处:一是有时计数器的初值不能是 0;二是有时计数器要反复清零(参见实验 7-2 的 sum)。也可以改写成"**Erase　n**"。Erase 语句可以用来将定长(静态)数组的所有元素清空;作用于动态数组时,则删除整个数组结构,数组所占用的内存空间也被收回,再次使用动态数组,必须再次用 ReDim 重定义。Erase 语句的使用格式如下:

Erase　数组名 1 [,数组名 2]…

【实验7-4】学生的某次课程测验中,选择题的答案已记录在列表框 List1 中,其数据行格式是:学号为 6 个字符长度、2 个空格、选择题的答案为 15 个字符长度。程序根据标准答案进行批改,每答对一题给 1 分,并将得分存放到列表框 List2 中。标准答案存放在变量 Exact 中。程序的参考界面如图 7-5 所示。

【解析】将每位学生的答案中的每一个字符与标准答案中的每一个字符依次比对,一旦相等,相应成绩 Score 加 1;注意,处理每一名学生的成绩前,都要将 Score 清 0。

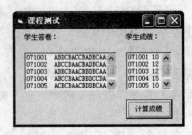

图 7-5　实验 7-4 参考界面

```
Option Explicit
Private Sub Command1_Click()
  Dim Anw As String, Studid As String
  Dim Score As Integer, Exact As String
  Dim I As Integer, J As Integer
  Exact = "ABCCBAACBBDCCDA"              '标准答案
  For I = 0 To List1.ListCount - 1       '计算每一个学生的成绩
    Anw = List1.List(I)
    Studid = Left(Anw, 6)
    Anw = Right(Anw, Len(Anw) - 8)
    Score = 0
    For J = 1 To Len(Anw)
      If Mid(Anw, J, 1) = Mid(Exact, J, 1) Then
        Score = Score + 1
      End If
    Next J
    List2.AddItem Studid & " " & Score    '显示学生成绩于列表框 List2
  Next I
End Sub


Private Sub Form_Load()
  List1.AddItem "071001    ABDCBACCBADBCAA"
  List1.AddItem "071002    ABCCBAACBADBCAA"
  List1.AddItem "071003    ABBCBAACBBDBCAA"
  List1.AddItem "071004    ABCCBAACBBDCCDA"
  List1.AddItem "071005    ACBCBAACBDDBCAA"
  List1.AddItem "071006    AADCBACCBADCCAA"
End Sub
```

【实验 7-5】编程在图片框中以等腰三角形的形式输出杨辉三角形的前 10 行,效果如图 7-6 所示。

【解析】杨辉三角形的每一行是 $(x+y)^n$ 的展开式各项的系数。例如第一行是 $(x+y)^0$,其系数为 1;第二行是 $(x+y)^1$,其系数为 1,1;第三行是 $(x+y)^2$,其展开式为 $x^2+2xy+y^2$,系数分别为 1,2,1;以此类推,得到直观形式如下:

```
1
1  1
1  2  1
1  3  3  1
1  4  6  4  1
⋮
```

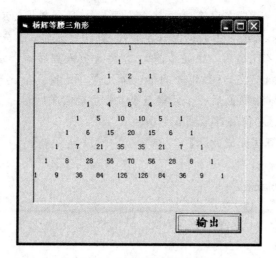

图7-6 实验7-5参考界面

分析以上形式,可以发现其规律:是n阶方阵的下三角,第一列和主对角线元素均为1,其余各元素是它的上一行同一列元素与上一行前一列元素之和。本题只须将杨辉三角形按以下方式输出即可:每个数据占6列,输出一行换两行,每行数据在输出前要输出若干空格。

```
Option Base 1
Private Sub Command1_Click()
  Const n% = 10
  Dim a%(n, n), i%, j%
  '求各输出元素值
  For i = 1 To n
    a(i, i) = 1: a(i, 1) = 1
  Next i
  For i = 3 To n
    For j = 2 To n - 1
      a(i, j) = a(i - 1, j - 1) + a(i - 1, j)
    Next j
  Next i
  '输出杨辉三角形
  For i = 1 To n
    For j = n - i To 1 Step - 1
      Picture1.Print "   ";
    Next j
    For j = 1 To i
      Picture1.Print CStr(a(i, j)) & Space(6 - Len(CStr(a(i, j))));
    Next j
    Picture1.Print
    Picture1.Print
  Next i
End Sub
```

【实验7-6】编程将任意读入的一个数插入某升序数列中,插入后该数列依然有序。

【解析】插入算法一般是在已有序的数组中再插入一个数据,使数组中的数列依然有序。假设待插数据为 x,数组 a 中数据为升序序列,算法要领是:①先将 x 与 a 数组当前最后一个元素进行比较,若比最后一个元素还大,就将 x 放入其后一个元素中;否则进行以下步骤;②先查找到待插位置。从数组 a 的第 1 个元素开始找到不比 x 小的第一个元素,设其下标为 i;③将数组 a 中原最后一个元素至第 i 个元素依次后移一位,让出待插数据的位置,即下标为 i 的位置;④将 x 存放到 a(i)中。

【方法一:用插入算法完成此题】

```
Option Base 1
Private Sub Command1_Click()
    Dim a(), i%, x%, n%, k%
    a = Array( - 1, 3, 6, 18, 36, 55, 67, 100, 123, 297)
    n = UBound(a)
    '输出原数组元素
    Print "原数组: "
    For i = 1 To n
        Print a(i);
    Next i
    Print
    ReDim Preserve a(n + 1)
'为了插入待插数,在保留数组原有数据的前提下,增加一个元素空间
    x = InputBox("输入待插数")
    If x > = a(n) Then
'比原数列最后一个数还大或相等,就往其后一个元素中存放待插入数
        a(n + 1) = x
    Else
        '以下查找待插位置
        i = 1
        Do While x > a(i)
            i = i + 1
        Loop
'以下 For 循环从原最后一个数开始直到待插位置上的数依次后移一位
        For k = n To i Step - 1
            a(k + 1) = a(k)
        Next k
        a(i) = x                          '插入待插数
    End If
    Print "插入后的数组: "
    For i = 1 To n + 1
        Print a(i);
    Next i
End Sub
```

【方法二:从后往前,与每个元素值比较,一边比较一边后移,让出待插元素位置】

```
Option Base 1
Private Sub Command1_Click()
    Dim a(), i%, x%, n%
    a = Array( - 1, 3, 6, 18, 36, 55, 67, 100, 123, 297)
```

```
    n = UBound(a)
    '输出原数组元素
    Print "原数组: "
    For i = 1 To n
      Print a(i);
    Next i
    Print
    ReDim Preserve a(n + 1)
'为了插入待插数,在保留数组原有数据的前提下,增加一个元素空间
    x = InputBox("输入待插数")
    For i = n To 1 Step - 1               '从原数组最后一个元素开始往前——比较
      If x < a(i) Then                    '一旦比某元素值小,该元素后移一位
        a(i + 1) = a(i)
      Else
        a(i + 1) = x                      '一旦比某元素值大或相等,就往其后插入
        Exit For
      End If
    Next i
    Print "插入后的数组: "
    For i = 1 To n + 1
      Print a(i);
    Next i
End Sub
```

【实验 7-7】编程完成如下功能: 将给定的正整数 N 表示成若干个质数因子相乘的形式(分解质因数)。程序参考界面如图 7-7 所示。

【解析】当读入的整数大于 1 时,先将其所有为 2 的质因子求出存放到数组中,再求出所有为 3 的质因子,以此类推,求出所有质因子。

图 7-7　实验 7-7 参考界面

```
Option Explicit
Option Base 1
Private Sub Command1_Click()
  Dim N As Integer, M As Integer, z() As Integer
  Dim s As String, i As Integer, k As Integer
  N = Text1
  M = N
  If N < = 0 Then
    MsgBox "输入错误!"
    End                                   '直接结束程序的运行
  End If
  If N = 1 Then                           '对 1 特殊处理,因为 1 不是质数
    Text2 = N & " = " & N
    Exit Sub                              '跳出本过程。思考: 为什么不宜用"End"
  End If
  k = 2: i = 0
  Do
    If N Mod k = 0 Then
      i = i + 1
      ReDim Preserve z(i)
```

```
        z(i) = k
        N = N \ k
    Else
        k = k + 1
    End If
    Loop Until N = 1
    s = CStr(M) & " = "
    For i = 1 To UBound(z) - 1
        s = s & z(i) & " * "
    Next i
    Text2 = s & z(i)
End Sub
```

【提示】若将程序中"Exit Sub"改为"End",则来不及看到文本框中的输出结果,程序就结束了。而一开始输入的整数错误时,由于使用了 MsgBox 函数,会首先弹出信息对话框,只有关闭了对话框,才会执行到"End"语句。

7.4　练习类实验

【练习7-1】编程实现如下功能:任意读入一个字符串,然后用冒泡法将其中的各个字符按 ASCII 码值从大到小排列后输出。参考界面如图7-8 所示。

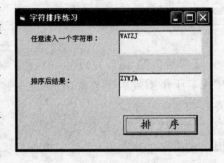

【提示】可将字符串中的每一个字符用 Mid 函数获取出来,存放到一维字符数组中,再用冒泡法排序。

【练习7-2】编程实现如下功能:任意读入一个长整型数据,输出其中每一个阿拉伯数字出现的次数。

【提示】可用 CStr 函数将长整型数据转换成数字字符串后再行处理。

图 7-8　练习 7-1 参考界面

【练习7-3】编程实现如下功能:任意读入 10 个数,存放到一维数组中,然后将它们逆序存放后输出。

例如,数组 a 中原有数据

3	6	9	5	7	1	4	0	8	2

逆序存放后,a 中数据为

2	8	0	4	1	7	5	9	6	3

【练习7-4】编程输出如下 5×7 矩阵。其中第一行数据是由随机函数生成的 10～99 之间的整数,例如:

```
56  77  21  65  89  31  93
77  21  65  89  31  93  56
21  65  89  31  93  56  77
65  89  31  93  56  77  21
```

89 31 93 56 77 21 65

【练习7-5】编程实现如下功能：任意读入一个字符串，将其中的每一个英文字母用其后的第三个字母替代后输出（字母X后的第三个字母为A，字母Y后的第三个字母为B，字母Z后的第三个字母为C）。

【练习7-6】编写程序，随机生成10个[1,100]之间的整数，再按奇、偶分类显示。

【编程要求】

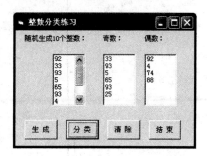

图7-9　练习7-6参考界面

（1）程序参考界面如图7-9所示，编程时不得增加或减少界面对象或改变对象的种类，窗体及界面元素大小适中，且均可见。

（2）运行程序，单击"生成"按钮，首先在第一个列表框中显示10个随机整数，再单击"分类"按钮，将第一个列表框中的奇数存放到第二个列表框中，偶数存放到第三个列表框中；单击"清除"按钮，将三个列表框全部清空；单击"结束"按钮，结束程序运行。

7.5 常见问题和错误解析

1. 数组声明中常见的错误

（1）上界或下界为变量

例如：

```
Dim n As Integer
n = InputBox("输入数组上界")
Dim a(1 To n) As Integer
```

执行时报编译错误"要求常数表达式"。

解决程序的通用性时，容易犯此错误。正确的解决方法是：或将数组元素的个数定义得很大，但这样浪费存储空间；或是利用动态数组。若利用动态数组则可将上例改为：

```
Dim a() As Integer
n = InputBox("输入数组上界")
ReDim a(1 To n)
```

（2）用类型说明符代替类型名时放错位置

例如：

```
Dim a(1 To 5)%
```

系统报"语法错误"，并呈红色显示。正确的写法是：

```
Dim a%(1 To 5)
```

2. 数组下标越界

当下标小于数组的下界或大于上界时，程序运行时报"下标越界"。这种错误稍不小心就会犯。例如,编程"任意读入 5 个数存放到数组中,然后查找其中是否有数值-1",就容易出现"下标越界"的错误。程序代码如下:

```
Option Base 1
Private Sub Command1_Click()
  Dim a%(5), i%
  For i = 1 To 5
    a(i) = InputBox("任意读入若干个数")
  Next i
  i = 1                                   '从数组的第一个元素开始查找
  Do While  a(i) <> -1                    '还没有找到,继续查找
   i = i + 1
  Loop
   ⋮
End Sub
```

当读入的 5 个数中没有-1 时,就会出现"下标越界"的错误,正确的方法是,在方框中增加一句"If i > 5 Then Exit Do",即:

```
Do While  a(i) <> -1          '还没有找到,继续查找
  i = i + 1
   If i > 5 Then Exit Do       '一旦超出查找范围,就跳出循环
Loop
```

3. Array 函数的不当使用

给数组的各元素赋值,通常必须用循环实现。有时为了省事,会用 Array 函数对数组进行初始化,例如,任意读入一个整数 x,在含有 10 个元素的升序数组 a 中用折半法查找是否有与 x 等值的元素。程序片段如下:

【片段一】

```
Dim a(1 To 10 ) As Integer
 ⋮
a = Array(-1, 6, 9, 18, 22, 37, 50, 61, 86, 99)          '让数组获得有序数列
 ⋮
```

编译报"不能给数组赋值"错误。

【片段二】

```
Dim a() As Integer
 ⋮
a = Array(-1, 6, 9, 18, 22, 37, 50, 61, 86, 99)           '让数组获得有序数列
 ⋮
```

执行时报"类型不匹配"错误。

Array 函数只能给变体型变量或变体型动态数组赋值,因此,应将上述程序段中的声明改为"Dim a()"或"Dim a"即可。

4. 自定义类型变量的各元素在简化引用时出错

由于自定义类型变量元素的引用格式是"自定义类型变量.元素名",由于书写烦琐,通常用"With…End With"简化书写,例如:

```
Private Type STU                              '定义含 4 个元素的类型 STU
  name As String
  sex As String * 1
  age As Integer
  score As Single
End Type
Private Sub Command1_Click()
  Dim x As STU                                '定义自定义类型 STU 变量 x
  With x
    .name = "ZS"
    .sex = "M"
    .age = 18
    .score = 390.5
  End With
  Print x.name, x.sex , x.age, x.score
End Sub
```

容易犯的错误是:在 With 语句中,各元素名前的"."忘记加了,编译报"函数或接口标记为限制的,或函数使用了 Visual Basic 中不支持的自动类型"错。

7.6　提高题与兴趣题

【习题 7-1】编写简易计算器程序,该计算器可以进行一位数字的"+"、"-"运算,并有清除按钮"c"和"="按钮。参考界面如图 7-10 所示。

【解析】将 10 个数字键对应的命令按钮组成一个控件数组,放在一个框架内,名称属性值为"Num";4 个运算符对应的命令按钮组成另一个控件数组,放在另一个框架内,名称属性值为"op"。以下为参考程序:

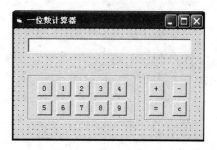

图 7-10　习题 7-1 参考界面

```
Private Sub Num_Click(Index As Integer)       '单击数字控件
 Text1.Text = Index
End Sub
Private Sub op_Click(Index As Integer)        '单击运算符控件
Static y As Integer, t As Integer             '思考:为什么 y 和 t 都必须是静态型的
Select Case op(Index).Caption
 Case " + "
   y = y + Text1.Text
   t = 1
```

```
    Case " - "
      y = y - Text1.Text
      t = -1
    Case " = "
      Text1.Text = (Text1.Text + y) * t
    Case Else
      Text1.Text = "0"
      y = 0
  End Select
End Sub
```

第8章 子过程与函数过程

8.1 知识要点

1. 一般 VB 应用程序的组成（见图 8-1）

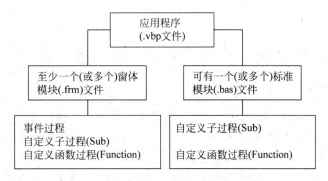

图 8-1 一般 VB 应用程序的组成

由图 8-1 可知，VB 应用程序实质上是由若干个过程构成的（还可以包含类模块等，本书略），除了系统提供的内部函数过程和事件过程外，还可以由用户根据需要自定义过程。所谓"过程"可以理解成"具有一定独立功能的程序段"，所以使用过程有如下好处：使程序简便、高效，有利于程序的编制、调试。

2. Function 函数过程和 Sub 子过程的定义与调用

（1）函数过程

【定义形式】

```
[Private|Public]Function 函数过程名([形参表])[As 类型名]
    ⋮
    函数过程名 = 表达式
    ⋮
End Function
```

【特点】函数过程名能向主调过程返回一个值，故有类型（默认，则为变体型）、有值（若过程中没有赋值，则为相应类型数据的默认值）；在过程体内通常至少赋值一次。默认为 Public。

【调用格式】

函数过程名([实参表])

注意：因函数过程名能带回一个值,故以上调用格式通常不独立成句,而是或赋值给某个变量,或参与某个表达式的计算,或被直接输出等。

(2) 子过程

【定义形式】

```
[Private|Public] Sub 子过程名([形参表])
    ⋮
End Sub
```

【特点】子过程名无值、无类型,默认为 Public。

【调用格式】

Call 子过程名([实参表])

或

子过程名 [(实参表)]

注意：以上调用格式独立成句。当调用语句中省略 Call 时,实参表外的括号也可以省略。

3．过程间的信息交流方式

(1) 全局变量(含窗体/模块级变量)(双向影响：主调方⟺被调方)

(2) 参数(单向传递：主调方→被调方)

① 值传递(实参传值给形参,形参的变化不会影响实参)

② 地址传递(实参传地址给形参,形参与实参共用存储单元,形参的变化直接影响实参)

(3) Function 函数名给主调过程返回一个值(单向：被调方→主调方)

4．实参与形参

实参与形参的个数、类型和顺序应相匹配。实参可以是变量、数组、常数或表达式,而形参只能是变量或数组。

(1) 形参与实参的概念

① 形参

所在的过程被调用时,形参被分配内存空间;调用结束,空间被收回。能提高内存使用效率。

② 实参

调用时,实参将值或地址单向传给形参。

(2) 按值传递参数

① 形参前要加关键字 ByVal。

② 实参将其确定的值单向传至形参的内存单元中,形参的变化对实参无影响。

③ 值传递时,若是数值型,则允许形参、实参的类型不一致,但在处理时,将实参转换成

形参的类型后传值。

④ 值传递时形参、实参的类型如表 8-1 所示。

（3）按地址传递参数

① 形参前不要加任何关键字，或加关键字 ByRef。

② 实参将其地址单向传给形参，即二者共用同一个内存空间。形参的变化将引起实参发生同样的变化。

③ 使用地址传递，就是想通过形参的变化，使实参获得相应的值。通过地址传递方式可以从被调过程中获得多个值。

④ 形参、实参的类型一定要一致，否则，报编译错误"ByRef 参数类型不符"。地址传递时的形参、实参类型如表 8-2 所示。

表 8-1　值传递时形参、实参的类型

形　参	实　　参
变量	常量、变量、表达式、数组元素、对象

表 8-2　地址传递时形参、实参的类型

形　参	实　　参
变量	变量、数组元素
数组（名）	数组（名）

注意：地址传递时，若实参为常量，则系统按值传递处理。例如：

```
Private Sub Command1_Click()
  Const N% = 9
  Call SS(N)
  Print N                              '符号常量的值不变,依然为9
End Sub
Private Sub SS(ByRef x%)
  x = x * 10
End Sub
```

（4）数组参数

① 形参表中数组参数的定义格式如下：

形参数组名( )[As 数据类型]

② 形参数组只能是按地址传递的参数。对应实参也必须是数组，且二者数据类型必须一致。

③ 实参表中数组名后不加圆括号。

④ 当形参、实参均为动态数组时，用 ReDim 语句改变形参数组的维界时，实参数组的维界随之而变化。

（5）对象参数

VB 还允许用对象，即用窗体或控件作为通用过程的参数（见表 8-3）。在有些情况下，这样可以简化程序设计，提高效率。

表 8-3　对象参数的形式

形参	形参定义格式	实　　参
窗体	[ByVal] 变量名 As Form	窗体的 Name 属性值
控件	[ByVal] 变量名 As Control	控件的 Name 属性值

例如,在设计用户界面时,手工添加相同类型的控件,常常难以做到大小一样、位置对齐(见图 8-2(a)),以下程序可以在单击窗体后,使得 3 个命令按钮大小相等、位置对齐(见图 8-2(b))。

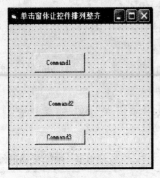 

(a) 设计时控件参差不齐   (b) 执行后控件排列整齐

图 8-2   控件参数示例的参考界面

```
Private Sub Form_Click()
    Call PL(Command1)
    Call PL(Command2)
    Call PL(Command3)
End Sub

Private Sub PL(ByVal cmd As Control)
    Static x%
    x = x + 750
    cmd.Height = 600
    cmd.Width = 1200
    cmd.Top = x
    cmd.Left = 2500
End Sub
```

5. 变量的作用域

(1) 局部变量

在过程内用 Dim 声明(或不加声明直接使用)的变量,只能在本过程中使用,此类变量称为局部变量。局部动态变量随过程的调用而分配存储单元,并进行变量的初始化,在此过程体内进行数据的存取,一旦该过程体结束,变量的存储单元被收回,内容自动消失。不同过程中的局部变量可以同名。静态局部变量只在第一次调用时分配内存空间且进行初始化,以后每次调用时,该变量保持上次调用的结果。

(2) 窗体/模块级变量

在一个窗体/模块的任何过程外的"通用声明"段中用 Dim、Private 声明的变量为窗体/模块级变量,该类变量可被本窗体/模块的任何过程访问。

(3) 全局变量

在一个窗体/模块的任何过程外的"通用声明"段中用 Public 声明的变量为全局变量,

全局变量可被该应用程序的任何过程访问。全局变量的值在整个应用程序中始终不会消失和重新初始化,只有当整个程序执行结束时才会消失。

(4) 变量的声明及使用规则(见表 8-4)

表 8-4 不同作用域的 3 种变量的声明及使用规则

作用范围	局部变量	窗体/模块级变量	全 局 变 量	
			窗体	标准模块
声明方式	Dim、Static	Dim、Private	Public	
声明位置	过程中	窗体/模块的"通用声明"段	窗体/模块的"通用声明"段	窗体/模块的"通用声明"段
能否被本模块的其他过程存取	不能	能	能	
能否被应用程序的其他过程存取	不能	不能	能,但在变量名前要加窗体名	能

注意:当局部变量与全局变量(含窗体/模块级变量)同名时,全局变量(含窗体/模块级变量)失效。

6. 过程的作用域

(1) 窗体/模块级

在某个窗体或标准模块内用 Private 定义的过程称为窗体/模块级过程。这类过程只能被本窗体或本标准模块中的过程调用。

(2) 全局级

在某个窗体或标准模块内用 Public 定义(或默认)的过程称为全局级过程。这类过程可供该应用程序的所有窗体及标准过程中的过程调用,但根据过程所处位置不同,其调用方式有如下区别。

- 在窗体内定义的过程,外部过程要调用时,必须在过程名前加该过程所处的窗体名。
- 在标准模块内定义的过程,外部过程均可调用,但过程名必须唯一,否则要加标准模块名。

(3) 过程定义及调用规则(见表 8-5)

表 8-5 不同作用域的过程定义及调用规则

作用范围	窗体/模块级		全 局 级	
	窗体	标准模块	窗体	标准模块
定义方式	过程名前加 Private		过程名前加 Public 或默认	
能否被本模块其他过程调用	能	能	能	能
能否被本应用程序其他过程调用	不能	不能	能,但必须在过程名前加窗体名	能,但过程名必须唯一,否则在过程名前加标准模块名

7. 过程的递归调用

一个过程直接或间接地调用自己,就称为"递归调用"。在递归调用时,先被调用的那一次后被执行完毕,后被调用的那一次先被执行完毕,即所谓的"先进后出"或"后进先出"。许多问题具有递归(递推、回归)的特性,用递归调用描述它们就非常方便,例如求 $n!$(n 为非负整数)。

【分析】

① $0! = 1! = 1$

② $2! = 1! \times 2$

…

$n! = (n-1)! \times n$

③ 由①和②可知,想求得 $n!$,只要知道 $(n-1)!$ 即可;想求得 $(n-1)!$,只要知道 $(n-2)!$ 即可;以此类推,想求得 $2!$,只要知道 $1!$ 即可,而 $1!$ 为 1。

④ 由 $1! \times 2 \rightarrow 2!$,$2! \times 3 \rightarrow 3!$,$\cdots$,$(n-1)! \times n$ 最终求得 $n!$。

其中第③步称为递推,第④步称为回归,合称递归。

$$n! = \begin{cases} (n-1)! \times n & (n \geqslant 1) & \text{递归的条件(特征)} \\ 1 & (n=0, 1) & \text{递归的出口} \end{cases}$$

可见,能够用递归描述的问题必须具备"递归的条件和递归的出口"两大要件。

8.2　实验目的

1. 掌握子过程、函数过程的定义,形参个数、类型的确定;
2. 掌握子过程、函数过程的正确调用方法;
3. 理解参数传递方式的目的,正确确定参数的传递方式;
4. 了解递归调用的执行过程及特点;
5. 了解对象参数之控件参数的一般应用(窗体控件在第 10 章举例);
6. 熟练区分何时使用子过程更合适、何时使用函数过程更合适;
7. 掌握进制转换的一般算法;
8. 通过所学算法的综合应用,进一步熟悉所学算法。

8.3　模仿类实验

【实验 8-1】编程验证哥德巴赫猜想:任意一个大偶数(大于 2)都可以拆成两个素数之和。任意读入一个大于等于 6 的偶数,拆分成两个素数之和后输出。程序参考界面如图 8-3 所示。

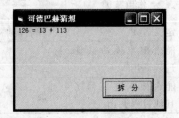

图 8-3　实验 8-1 参考界面

【解析】首先要确保读入的数据正确,程序才有意义,因此用直到型循环"Do…Loop Until"控制输入。由于要反复拆分,反复判断,因此,将判断某数是否为素数独立编写成一个函数过程,以简化程序。参考程序代码如下:

```
Private Sub Command1_Click()
  Dim a As Integer, m%, n%
  Do                                              '获取偶数
    a = InputBox("输入大于等于 6 的偶数")
  Loop Until a >= 6 And a Mod 2 = 0
  m = 3: n = a - m
  Do While Not ss(m) Or Not ss(n)                 '分解偶数
    m = m + 2
    n = n - 2
  Loop
  Print a; " = "; m; " + "; n
End Sub
Function ss(ByVal x As Integer) As Boolean
  Dim k%
  k = 3
  Do While x Mod k <> 0
    k = k + 2
  Loop
  If x = k Then
    ss = True
  Else
    ss = False
  End If
End Function
```

【**实验 8-2**】随机生成 10 个 1～100 间的整数，调用过程将它们当中的最大值删除后输出。程序参考界面如图 8-4 所示。

【**解析**】由于可能有多个相同的最大值，故找到一个最大值就要删除一个，参考程序代码如下：

图 8-4　实验 8-2 参考界面

```
Option Base 1
Private Sub Command1_Click()
  Dim a%(10), i%, n%                    'n 记录最大值的个数
  Randomize
  For i = 1 To 10                       '生成随机数
    a(i) = Int(Rnd * (100 - 1 + 1) + 1)
    Print a(i);
  Next i
  Print
  Call MX(a(), 10, n)
  '将上界 10 传给形参,以便增强 MX 的通用性,或在 MX 中用 UBound 求得
  For i = 1 To 10 - n
    Print a(i);
  Next i
  Print
End Sub

Private Sub MX(a%(), ByVal s%, n%)    '求最大值子过程
  Dim xb%
```

```
    m = a(1)
    For i = 2 To s
      If a(i) > m Then m = a(i)
    Next i
    Print " MAX = "; m
    n = 0                                    'n记录最大值的个数
    For i = 1 To s
      If a(i) = m Then
        n = n + 1
        xb = i                               'xb记录最大值元素的下标
        Call SC(a(), s, xb)                  '找到一个最大值就删除一个
      End If
    Next i
End Sub

Private Sub SC(a%(), ByVal s%, ByVal xb%)    '删除一个最大值
    Dim i%
    For i = xb + 1 To s
      a(i - 1) = a(i)
    Next i
End Sub
```

【实验 8-3】任意读入一个二至十六进制整数（数字字符串），转换成十进制整数后输出。程序参考界面如图 8-5 所示。

【解析】其他进制整数转换为十进制整数的要领是："按权展开"。例如，有二进制数 1110，则其十进制数为 $1×2^3+1×2^2+1×2^1+0×2^0=14$。若 r 进制数 $a_n\cdots a_2a_1$ 转换成十进制数，方法是 $a_n×r^{n-1}+\cdots+a_2×r^1+a_1×r^0$。

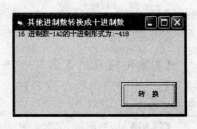

图 8-5　实验 8-3 参考界面

注意：其他进制数只能以数字字符串形式输入。

```
Option Explicit
Private Sub Command1_Click()
    Dim x As String, r%, d%
    r = InputBox("输入待处理的进制基数 2 - 16")
    x = InputBox("输入一个 r 进制整数")
    d = Tran(x, r)
    Print r; "进制数"; x; "的"; "十进制形式为:"; d
End Sub

Private Function Tran(ByVal x As String, ByVal r%) As Integer
    Dim d%, i%, cr%
    Dim c As String * 1, fh As String * 1
    d = 0
    x = Trim(x)                              '去掉输入时可能有的左右两边空格
    fh = Mid(x, 1, 1)
    If fh = " - " Then
      x = Right(x, Len(x) - 1)
    End If
```

```
    For i = 1 To Len(x)
      c = Mid(x, i, 1)
      If UCase(c) > = "A" Then              '输入时不分大小写
        cr = Asc(UCase(c)) - Asc("A") + 10
      Else
        cr = Asc(c) - Asc("0")
      End If
      d = d * r + cr                        '此句可用 d = d + cr * r ^ (Len(x) - i)替代
    Next i
    If fh = " - " Then
      Tran = - d
    Else
      Tran = d
    End If
End Function
```

【思考】本程序中粗体部分"$d = d * r + cr$"和"$d = d + cr * r ^ (Len(x) - i)$"哪一个更好？为什么？

【实验 8-4】任意读入一个十进制整数，将其转换成二进制序列后输出，程序参考界面如图 8-6 所示。

【解析】十进制整数转换成二进制序列的方法是："将该数不停地除以 2 取余数，直到商为 0 终止。然后将余数序列逆序输出。"

图 8-6　实验 8-4 参考界面

【方法一：数组存放余数，再逆序输出余数】

```
Option Base 1
Option Explicit
Private Sub Command1_Click()
    Dim x As Long, i As Integer, n As Integer
    Dim a(30) As String * 1
    x = Val(InputBox("Input   x:"))
    Print Str(x) & "D = ";
    If Sgn(x) = - 1 Then
      x = - x
      Print " - ";
    End If
    Call ZH(x, a, n)
    For i = n To 1 Step - 1
      Print a(i);
    Next i
    Print "B"
End Sub

Private Sub ZH(ByVal x&, a() As String * 1, n As Integer)
    Dim i As Integer
    i = 1
    Do    '用直到型循环是为了对 0 也能正确处理
      a(i) = CStr(x Mod 2)
      i = i + 1
```

```
    x = x \ 2
  Loop While x < > 0
  n = i - 1
End Sub
```

【方法二：递归】

```
Private Sub Command1_Click()
  Dim x As Long
  x = InputBox("Input  x:")
  Print Str(x) & "D = ";
  If Sgn(x) =  - 1 Then
    x = - x
    Print " - ";
  End If
  Call ZH(x)
  Print "B"
End Sub


Private Sub ZH(ByVal x As Long)
  If x \ 2 < > 0 Then
    Call ZH(x \ 2)
  End If
  Print CStr(x Mod 2);
End Sub
```

【思考】为什么可以用递归呢？因为"先求得的余数要后输出"，正好满足递归"先进后出"的特点。注意，输出语句放在子过程中，才能确保"先求得的后输出"。

【实验 8-5】任意读入一个十进制整数和转换基数 (2~16)，将其转换成相应进制数序列后输出。程序参考界面如图 8-7 所示。

【解析】思路同实验 8-4，即一个十进制正整数 x 转换成 r 进制数的思路是，将 x 不断地除以 r 取余数，直到商为 0 时终止，以反序输出余数序列即得到结果。

注意：转换得到的不是数值，而是数字字符串。只是当余数为 10~15 时，要分别转换成字母"A"~"F"。

【方法一：数组存放余数，再逆序输出余数】

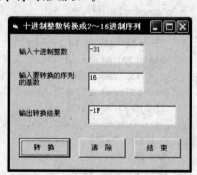

图 8-7 实验 8-5 参考界面

```
Option Explicit
Option Base 1
Private Sub Command1_Click()            '单击"转换"按钮
  Dim x As Long, i As Integer, j As Integer, n As Integer
  Dim a(30) As String * 1
  x = Val(Text1)
  j = Val(Text2)
  If Sgn(x) =  - 1 Then
    x = - x
    Text3 = " - "
  End If
```

```
    Call ZH(x, j, a, n)
    For i = n To 1 Step -1
      Text3 = Text3 & a(i)
    Next i
End Sub


Private Sub ZH(ByVal x As Long, ByVal j As Integer, a() As String * 1, n%)
    Dim y As Integer, i As Integer
    i = 1
    Do
      y = x Mod j
      If y >= 10 Then
        a(i) = Chr(Asc("A") + y - 10)
      Else
        a(i) = CStr(y)
      End If
      i = i + 1
      x = x \ j
    Loop Until x = 0
    n = i - 1
End Sub


Private Sub Command2_Click()              '单击"清除"按钮
    Text1 = ""
    Text2 = ""
    Text3 = ""
End Sub
Private Sub Command3_Click()              '单击"结束"按钮
    End
End Sub
```

【方法二：递归】

```
Option Explicit
Private Sub Command1_Click()              '单击"转换"按钮
  Dim x As Long, j As Integer
  x = Val(Text1)
  j = Val(Text2)
  If Sgn(x) = -1 Then
    x = -x
    Text3 = "-"
  End If
  Call ZH(x, j)
End Sub


Private Sub ZH(ByVal x As Long, ByVal j As Integer)
  Dim y As String * 1
  If x \ j <> 0 Then
    Call ZH(x \ j, j)
  End If
  If x Mod j >= 10 Then
```

```
      y = Chr(Asc("A") + x Mod j - 10)
    Else
      y = x Mod j
    End If
    Text3 = Text3 & y
  End Sub

  Private Sub Command2_Click()              '单击"清除"按钮
    Text1 = ""
    Text2 = ""
    Text3 = ""
  End Sub

  Private Sub Command3_Click()              '单击"结束"按钮
    End
  End Sub
```

【实验 8-6】以下程序完成的功能是：单击第一次，输出 0+1 的和；单击第二次，输出 0+1+2 的和；……单击第 n 次，输出 0+1+2+…+n 的和。程序参考界面如图 8-8 所示。

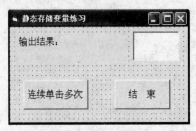
(a) 执行前参考界面

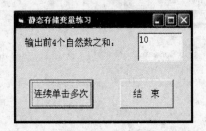
(b) 执行后参考界面

图 8-8   实验 8-6 参考界面

【解析】单击事件过程中的变量 i 和子过程中的变量 s 都是静态局部变量，每次调用后，保留现值到下一次调用，从而实现题目的要求。

```
  Option Explicit
  Private Sub Command1_Click()
    Static i As Integer
    i = i + 1
    Call QH(i)
  End Sub

  Private Sub QH(ByVal n%)
    Static s As Integer
    s = s + n
    Label1.Caption = "输出前" & n & "个自然数之和："
    Text1 = s
  End Sub

  Private Sub Command2_Click()
    End
  End Sub
```

【实验 8-7】 求定积分 $\int_0^4 (x*x+3*x+2)\mathrm{d}x$ 的值。等分数 $n=1000$。

【解析】 定积分 $\int_a^b f(x)\mathrm{d}x$ 的几何意义是求曲线 $y=f(x)$、$x=a$、$x=b$ 以及 x 轴所围成的面积。求解时可以近似地把面积视为若干小的梯形面积之和。例如,把区间 $[a, b]$ 分成 n 个长度相等的小区间,每个小区间的长度为 $h=(b-a)/n$,第 i 个小梯形的面积为 $[f(a+(i-1)\cdot h)+f(a+i\cdot h)]\cdot h/2$,将 n 个小梯形面积加起来就得到定积分的近似值(如图 8-9 所示)。

$$\int_a^b f(x)\mathrm{d}x \approx \sum_{i=1}^n [f(a+(i-1)\cdot h)+f(a+i\cdot h)]\cdot h/2$$

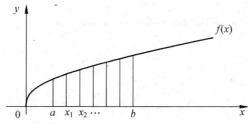

图 8-9 实验 8-7 分析图

以上描述的几何意义比较明显,容易理解。但是其中存在重复计算,每次循环都要计算小梯形的上、下底。其实,前一个小梯形的下底就是后一个小梯形的上底,完全没必要重复计算。为此做出如下改进:

$$\int_a^b f(x)\mathrm{d}x \approx h \cdot \left[f(a)/2+f(b)/2+\sum_{i=1}^{n-1} f(a+i\cdot h) \right]$$

根据以上分析,给出"梯形法"求定积分的 N-S 图(见图 8-10)。

输入区间端点:a,b
输入等分数 n
h=(b-a)/2, s=0
i 从 1 到 n
si=(f(a+(i-1)*h)+f(a+i*h))*h/2
s=s+si
输出 s

图 8-10 N-S 图

以下给出参考程序:

```
Option Explicit
Private Function DJF(ByVal a!, ByVal b!) as Single
  Dim t!, h!, n%, i%
  n = 1000
  h = Abs(a - b) / n
  t = (HSZ(a) + HSZ(b)) / 2
  For i = 1 To n - 1
    t = t + HSZ(a + i * h)
```

```
    Next i
    t = t * h
    DJF = t
End Function
Private Function HSZ(ByVal x!) as Single
    HSZ = x * x + 3 * x + 2
End Function
Private Sub Command1_Click()
    Dim y!
    y = DJF(0, 4)
    Print "定积分的值为："; y
End Sub
```

8.4   练习类实验

【**练习 8-1**】任意读入一个字符串，调用过程求出反序串，再由主调过程输出。参考界面如图 8-11 所示（分别使用 Sub 子过程与 Function 函数过程完成）。

【**练习 8-2**】用"全局变量"改写练习 8-1：任意读入一个字符串，调用过程求出反序串，再由主调过程输出（与"使用子过程与函数过程完成"做对比）。

【**练习 8-3**】编程找出 10 000 以内的所有可以表示为两个平方数和的素数。

【**提示**】将素数判断用函数过程实现，程序参考界面如图 8-12 所示。

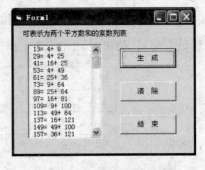

图 8-11   练习 8-1 参考界面   图 8-12   练习 8-3 参考界面

【**练习 8-4**】调用函数过程，计算 $1+2+3+\cdots+100$ 的和。要求使用静态变量完成此题。

【**提示**】主调过程中循环调用函数过程 100 次，第 n 次求得前 n 个自然数的和。函数过程中定义静态变量求累加和。

【**练习 8-5**】编程完成如下功能：第一次单击命令按钮 Command1 后显示"这 1 次单击是第 1 次单击！"，第二次单击命令按钮 Command1 后显示"这 1 次单击是第 2 次单击！"，以此类推，参考界面如图 8-13 所示。

【**提示**】在命令按钮 Command1 的 Click 事件过程中定义一个静态变量记录单击次数。

【**练习 8-6**】编写程序，验证任意一个不超过 9 位的自然数，经过下述的反复变换最终得到 123，程序参考界面如图 8-14 所示。变换方法是：统计该数的各位数字，将偶数数字（0 算偶数数字)个数记为 a,奇数数字个数记为 b,该数位数记为 c;以 a 为百位数、b 为十位数、c 为个位数,得到一个新数(若 a 为 0,则以 b 为百位数、a 为十位数),若这个新数不是 123,再按上述步骤进行变换,直到出现 123 为止。123 被称为陷阱数。

图 8-13 练习 8-5 参考界面

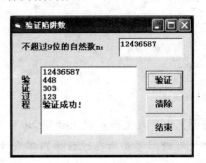

图 8-14 练习 8-6 参考界面

【编程要求】

(1) 程序参考界面如图 8-14 所示,编程时不得增加或减少界面对象或改变对象的种类,窗体及界面元素大小适中,且均可见。

(2) 运行程序,在文本框 1 中任意输入一个不超过 9 位的自然数后,单击"验证"按钮,则根据变换规则生成新数,将其输出到列表框,重复变换操作,直到得到 123 为止,最后输出"验证成功!"信息;单击"清除"按钮,将文本框和列表框清空,焦点置于文本框上;单击"结束"按钮,结束程序运行。

(3) 程序中定义一个名为 Validate 的通用过程,用于对数据进行变换操作。

8.5 常见问题和错误解析

1. 该按值传递的误做地址传递

由于地址传递前的关键字 ByRef 可以省略,故将应该值传递的写成地址传递的错误很容易出现,此时,若形参在所在过程体内发生了变化,就会导致错误。例如,"编程求任意两个正整数的最小公倍数"。由数学知识可知:"两正整数的最小公倍数等于两数之积除以两数的最大公约数"。以下程序中的 Function 函数用"辗转相除法"求两数的最大公约数,由于误用了地址传递,形参 a、b 的变化引起实参 x、y 发生同样变化,结果就错了。

```
Private Sub Command1_Click()
  Dim x%, y%, gbs%, gys%
  x = InputBox("输入一个正整数")
  y = InputBox("输入一个正整数")
  gys = YS(x, y)
  gbs = x * y / gys    '两数的原值之积除以最大公约数,得最小公倍数
  Print x; "和"; y; "的最小公倍数是:"; gbs
End Sub

Private Function YS(a%, b%)             '求最大公约数函数
```

```
'地址传递,a、b的变化会引起实参 x、y 发生同样变化
  Dim r%
  r = a Mod b
  Do While r <> 0
    a = b
    b = r
    r = a Mod b
  Loop
  YS = b
End Function
```

【提醒】为了避免出现以上错误,请特别注意,"应该按值传递的,一定要加上 ByVal 关键字,即使有叫形参在所在过程体内不发生变化"。

2. 该按地址传递的误做值传递

例如,调用过程交换任意读入的两数的值后输出。

```
Private Sub Command1_Click()
  Dim x%, y%
  x = InputBox("x")
  y = InputBox("y")
  Print "原来: x = "; x, "y = "; y
  Call JH(x, y)
  Print "交换后: x = "; x, "y = "; y
End Sub

Private Sub JH(ByVal a%, ByVal b%)      '值传递,形参的变化无法影响实参
  Dim t%
  t = a
  a = b
  b = t
End Sub
```

以上程序两次输出结果一样,没有实现交换的功能,问题出在形参的传递方式为值传递,形参的变化无法影响实参。正确的改法是:只须将形参 a、b 前的 ByVal 改为 ByRef 或去除即可。

3. 难以准确地选择是使用函数过程还是使用子过程

调用过程解决较复杂的问题,就是为了简化程序,提高效率,许多情况下选择子过程或函数过程都可以,但是,当需要从被调过程获得一个值时,使用函数过程书写更为简洁,因为函数名正好可以返回一个值到主调过程;而当不需要从被调过程获得值或需要获得两个及以上值时,使用子过程更为方便。

4. 主调过程和被调过程的功能分配不合理

所谓"过程"可以理解成"具有一定独立功能的程序段",所以编写程序时"合理分配主调过程和被调过程的功能"是一个重要技能,只有使得通用过程的功能既完整又独立,才能增

强其通用性。

一般让事件过程(主调过程)完成数据输入、过程调用、输出结果三大任务,这样显得有始有终,思路完整;而通用过程(函数过程或子过程)一般完成较难的核心算法。

5. 局部变量与全局变量同名致使全局变量失效

学到"过程"知识时,已经养成了许多编程习惯,比如变量名喜欢用 x、循环控制变量喜欢用 i 等,这样就容易造成"因局部变量与全局变量同名而导致全局变量失效"的问题。此时要特别小心,尽量让所有变量都不同名,即可避免此类问题的出现。

6. 通用过程的重名问题

VB 允许工程中的不同模块有同名的全局过程。为防止出现二义性,在调用时要加标准模块名或窗体名修饰,详见第 10 章。

7. 常用算法原本掌握就有困难,综合应用更困难

已经学过的算法有以下 4 种。

(1) 基本算法:交换、累加、累乘。

(2) 非数值计算常用经典算法:穷举、排序(冒泡,选择,插入,归并)、查找(顺序即线性,折半)。

(3) 数值计算常用经典算法:级数计算(直接、间接即递推)、一元非线性方程求根(牛顿迭代法、二分法)、定积分计算(矩形法、梯形法)。

(4) 其他:进制转换、字符处理(统计、数字串、字母大小写转换、加密等)、整数各数位上数字的获取、辗转相除法求最大公约数(最小公倍数)、求最值、判断素数(各种变形)、数组元素的插入(删除)、递归、二维数组的典型问题(方阵的特点、杨辉三角形)、矩阵转置等。

本章程序的编写难度明显加大,主要是算法的构造困难,加上主调与被调过程的分工困难、参数传递方式混淆、过程与变量的作用域复杂等。但这些对于初学者而言,没有捷径可走,一定要多看、多练、多思考,知难而上。上机前先思考并编写程序,才能提高上机调试的效率,增强编程的信心和能力。

8.6 提高题与兴趣题

【习题 8-1】编程将一个十进制的 IP 地址转换为一个 32 位的二进制的 IP 地址(参考界面见图 8-15)。例如,一个 IP 地址为 202.119.191.1,其中每个十进制的数字对应一个 8 位二进制数字,构成一个 32 位二进制的 IP 地址 11001010 01110111 10111111 00000001。

图 8-15 习题 8-1 参考界面

```
Option Explicit
Private Sub Command1_Click()
    Dim str1 As String, str2 As String, a(4) As Integer, i As Integer
    str1 = Text1.Text
```

```
        Call Tiqu(str1, a)
        For i = 1 To 4                          '判断地址有效性并调用convert函数
          If a(i) < 0 Or a(i) > 255 Then
             MsgBox ("IP 地址错误!")
             Exit Sub
          Else
             str2 = str2 & convert(a(i))
          End If
        Next i
        Text2.Text = str2
    End Sub


    Private Sub Tiqu(str As String, a() As Integer)     '完成 IP 地址预处理分段工作
        Dim n As Integer, k As Integer, s As String, i As Integer, d As String * 1
        n = Len(str): k = 0: s = ""
        For i = 1 To n
          d = Mid(str, i, 1)
          If d = "." Then
             k = k + 1
             a(k) = Val(s)
             s = ""
          Else
             s = s & d
          End If
        Next i
        a(4) = s
    End Sub


    Private Function convert(ByVal n As Integer) As String    '进行十进制向二进制的转换
        Dim b As Integer, i As Integer, s As String
        Do While n > 0
          b = n Mod 2
          n = n \ 2
          s = CStr(b) & s
        Loop
        For i = 1 To 8 - Len(s)
          s = "0" & s
        Next i
        convert = s
    End Function
```

【习题 8-2】编程完成如下功能：生成16个最简真分数，每行4个显示在列表框中，程序参考界面如图 8-16 所示。要求分子和分母均为两位正整数且分数中没有相同数字。注：最简真分数是指分子小于分母，并且分母分子不可约分，即除了 1 没有其他公约数。

图 8-16　习题 8-2 参考界面

```
    Private Sub Command1_Click()              '单击"运行"按钮
        Dim fz As Integer, fm As Integer, n As Integer
        Dim s As String
```

```
        Randomize
        Do
          fz = Int(90 * Rnd) + 10        '随机生成分子、分母
          fm = Int(90 * Rnd) + 10
          If fz < fm Then
             If pd(fz, fm) Then          '调用 pd(fz,fm)判断是否为最简真分数
               s = s & fz & "/" & fm & " "
               n = n + 1
               If n Mod 4 = 0 Then
                  List1.AddItem s        '添加最简真分数到列表框
                  s = ""
               End If
             End If
          End If
        Loop Until n <= 16
      End Sub

      Private Function pd(fz%, fm%) As Boolean
        Dim n As Integer, i As Integer, s As String
        For n = 2 To fz
          If fz Mod n = 0 And fm Mod n = 0 Then Exit For
        Next n
        s = fz + fm
        For i = 1 To Len(s) - 1
          For n = i + 1 To Len(s)
            If Mid(s, i, 1) = Mid(s, n, 1) Then
               Exit Function
            End If
          Next n
        Next i
        pd = True
      End Function
```

【习题 8-3】 编程完成如下功能：将密文解密。密文中被非数字字符分隔的连续的数字是八进制数，每个八进制数对应一个明文字符的 ASCII 码。例如，八进制数 102 对应的 ASCII 码是十进制数 66 即字母"B"，密文末尾以非数字字符结束。参考程序界面如图 8-17 所示。

图 8-17　习题 8-3 参考界面

```
Option Explicit
Option Base 1
Private Sub Command1_Click()
  Dim mw As String, st As String, i As Integer, p As String, t() As String, k%
  mw = Text1
  For i = 1 To Len(mw)
    p = Mid(mw, i, 1)
    If p >= "0" And p <= "7" Then
       st = st & p
    ElseIf Len(st) <> 0 Then
       k = k + 1
```

```
        ReDim Preserve t(k)
        t(k) = st
        st = ""
      End If
    Next i
    For i = 1 To UBound(t)
      k = convert(t(i))
      st = st & Chr(k)
    Next i
    Text2 = st
End Sub

Private Function convert(p As String) As Integer
    Dim i As Integer, k As Integer, n As Integer
    For i = Len(p) To 1 Step - 1
      n = n + Val(Mid(p, i, 1)) * 8 ^ k
      k = k + 1
    Next i
    convert = n
End Function
```

第9章 键盘与鼠标事件

尽管语音识别技术、手写输入技术日臻成熟，但是键盘、鼠标依然是人们操作计算机的主要工具，键盘事件和鼠标事件是在 Windows 环境下编程的最主要的两种外部事件的驱动方式。因此，开发出适合键盘、鼠标操作的 VB 应用程序是程序设计人员必须掌握的技能。

9.1 知识要点

1. 键盘事件

键盘事件是由键盘按键产生的。对于接收文本的控件，通常要对键盘事件编程。常用的键盘事件有 KeyPress、KeyDown 和 KeyUp。

（1）KeyPress 事件

【触发时机】按下并释放一个会产生 ASCII 码的键时被触发。

【格式】

```
Sub Form_KeyPress(KeyAscii As Integer)
```

或

```
Sub Object_KeyPress([Index As Integer ,] KeyAscii As Integer)
```

（2）KeyDown 事件

【触发时机】按下键盘上任意一个键时被触发。

【格式】

```
Sub Form_KeyDown(KeyCode As Integer , Shift As Integer)
```

或

```
Sub Object_KeyDown([Index As Integer,] KeyCode As Integer, Shift As Integer)
```

（3）KeyUp 事件

【触发时机】释放键盘上任意一个键时被触发。

【格式】

```
Sub Form_KeyUp(KeyCode As Integer, Shift As Integer)
```

或

```
Sub Object_KeyUp([Index As Integer,] KeyCode As Integer, Shift As Integer)
```

（4）参数说明

KeyCode：键盘扫描码；KeyAscii：字符 ASCII 码。Shift 参数的取值及意义见表 9-1，KeyCode 与 KeyAscii 码的对照见表 9-2，KeyPress、KeyDown、KeyUp 事件的对照见表 9-3。

表 9-1　Shift 参数的取值及其意义

值	VB 常数	含　义
0		Shift、Ctrl、Alt 键均未按下
1	vbShiftMask	只有 Shift 键被按下
2	vbCtrlMask	只有 Ctrl 键被按下
3	vbShiftMask＋vbCtrlMask	Shift、Ctrl 键同时被按下
4	vbAltMask	只有 Alt 键被按下
5	vbShiftMask＋vbAltMask	Shift、Alt 键同时被按下
6	vbCtrlMask＋vbAltMask	Ctrl、Alt 键同时被按下
7	vbShiftMask＋VbCtrlMask＋vbAltMask	Shift、Ctrl、Alt 键同时被按下

表 9-2　KeyCode 与 KeyAscii 码对比

键（字符）	KeyCode	KeyAscii
"A"	&H41	&H41
"a"	&H41	&H61
"5"	&H35	&H35
"％"	&H35	&H25
"1"（大键盘上）	&H31	&H31
"1"（数字键盘上）	&H61	&H31

表 9-3　KeyPress 与 KeyDown、KeyUp 事件对比

比较内容＼事件名	KeyPress	KeyDown	KeyUp
事件发生条件	输入一个 ASCII 字符	按任意一个键	按任意一个键
参数值	KeyAscii 接收到字符的 ASCII 值	KeyCode 接收键的扫描码	KeyCode 接收键的扫描码
按 a 键时事件发生的次序	第二个发生	最先发生	最后发生
按 A 键时参数值（键盘处于大写状态）	KeyAscii 值为 65	KeyCode 值为 65	KeyCode 值为 65
按 a 键时参数值（键盘处于小写状态）	KeyAscii 值为 97	KeyCode 值为 65	KeyCode 值为 65

【例 9-1】按下 Alt＋F5 组合键时终止程序的运行。

```
Sub Form_KeyDown(KeyCode%, Shift%)
  If (KeyCode = vbKeyF5) And (Shift And vbAltMask) Then
    End
  End If
```

```
End Sub
```

默认情况下,当用户对当前具有控制焦点的控件进行键盘操作时,控件的 KeyPress 等事件被触发,但是窗体的这些事件不会发生。为了启用窗体的这三个键盘事件,必须将窗体的 KeyPreview 设置为 True。

【例 9-2】 由于字符串比较是严格区分字母大小写的,但在上网时要求输入检验码时,考虑到操作者常常不大注意大小写问题,因此,即使输入的是相应的小写字母,系统也能认可。下面编写一个小程序,体会一下对字母大小写的这种处理。

编程在窗体的 KeyPress 事件过程中将所有的英文字母都改成大写(则窗体上的所有控件接收到的都是大写字母),使得文本框中输入的字母总是呈大写状态。

```
Sub Form_KeyPress(KeyAscii%)
  If KeyAscii >= Asc("a") And KeyAscii <= Asc("z") Then
    KeyAscii = KeyAscii + Asc("A") - Asc("a")
  End If
  Print Chr(KeyAscii)
End Sub

Private Sub Command1_Click()
  Dim x As String
  x = Text1
    ⋮
End Sub
```

【提示】 由于执行本题时,一旦在文本框中输入数据,焦点就处在文本框中,因此,要想使 Form_KeyPress 被触发,必须在设计模式下将窗体的 KeyPreview 设置为 True 后,再运行本程序。

2. 鼠标事件

所谓鼠标事件是由用户操作鼠标而引发的能被各种对象识别的事件。除 Click、DblClick 外,还有三个重要事件: MouseDown、MouseUp 和 MouseMove。

(1) MouseDown 事件

【触发时机】 按下任意一个鼠标按钮时被触发。

【格式】

```
Sub Form_MouseDown(Button As Integer, Shift As Integer,X!, Y!)
```

或

```
Sub Object_MouseDown(Button As Integer, Shift As Integer,X!, Y!)
```

(2) MouseUp 事件

【触发时机】 释放任意一个鼠标按钮时被触发。

【格式】

```
Sub Form_MouseUp(Button As Integer, Shift As Integer,X!, Y!)
```

或

```
Sub Object_MouseUp(Button As Integer, Shift As Integer,X!, Y!)
```

（3）MouseMove 事件

【触发时机】移动鼠标时被触发。

【格式】

```
Sub Form_MouseMove(Button As Integer, Shift As Integer,X!, Y!)
```

或

```
Sub Object_MouseMove(Button As Integer, Shift As Integer,X!, Y!)
```

（4）参数说明

Shift 参数的含义与键盘事件相同。当对控件数组进行键盘、鼠标操作时，触发以上事件会增加一个参数 Index 作为第一个参数。Button 参数的取值及含义见表 9-4。

表 9-4　Button 参数的取值及其意义

值	VB 常数	含　义
1	vbLeftButton	按下或释放了鼠标左键
2	vbRightButton	按下或释放了鼠标右键
4	vbMiddleButton	按下或释放了鼠标中键

【例 9-3】显示鼠标指针所指位置。

```
Sub Form_MouseMove(Button As Integer, Shift As Integer, X!, Y!)
    Text1 = X
    Text2 = Y
End Sub
```

3. 鼠标光标的形状设置

在 Windows 操作中，可以发现，当鼠标光标位于不同的位置时，其形状也是不同的。在 VB 中，可以通过设置对象的 MousePointer 属性改变鼠标光标的形状，鼠标光标形状在 VB 中对应的系统常量如表 9-5 所示。该属性既可以在属性窗口中设置，也可以在程序代码中设置。在程序代码中的设置格式是：

对象. MousePointer = 合理取值

表 9-5　鼠标光标形状对应常量表

光 标 形 状	系统常量	值
默认值（形状由对象决定）	vbDefault	0
箭头	vbArrow	1
十字线	vbCrosshair	2
I 形	vbIbeam	3
图标（嵌套方框）	vbIconPointer	4
尺寸线（指向上、下、左、右 4 个方向的箭头）	vbSizePointer	5
右上-左下尺寸线	vbSizeNESW	6

光 标 形 状	系 统 常 量	值
垂直尺寸线	vbSizeNS	7
左上-右下尺寸线	vbSizeNWSE	8
水平尺寸线	vbSizeWE	9
向上的箭头	vbUpArrow	10
沙漏	vbHourglass	11
一个圆形记号内加一斜杠,表示控件移动受限	vbNoDrop	12
箭头和沙漏	vbArrowHourglass	13
箭头和问号	vbArrowQuestion	14
四向尺寸线	vbSizeAll	15
通过 MouseIcon 属性所指定的自定义图标	vbCustom	99

【例 9-4】 编写如下简单程序,观察鼠标光标形状的变化。

```
Private Sub Form_Click()
    Static x As Integer
    Cls
    Print "鼠标 MousePointer 属性值目前是: "; x
    Form1.MousePointer = x
    x = x + 1
    If x = 16 Then x = 0
End Sub
```

4. 鼠标的拖放

把鼠标光标放到一个对象上,按住鼠标键移动鼠标,对象随鼠标的移动而移动,松开鼠标键后,对象即落在鼠标光标所在之处,这就是所谓的"拖放"。通常把开始位置上的对象叫做源对象,到达目的位置的对象叫做目标对象。

除了计时器、菜单和通用对话框(第 10 章介绍)外,其他控件均可在程序运行期间被拖放。

(1) 属性

与拖放有关的属性有 DragMode 和 DragIcon。DragMode 属性用来设置自动或手动拖放模式,默认值为 0,手动模式;若改为自动模式,值应设置为 1。DragIcon 属性一旦设置为一个图标文件(.ico),在拖动对象过程中,该图标就会代替对象出现,拖动结束时,对象才移动到目的位置。

(2) 方法

与拖放有关的方法有 Move 和 Drag。Drag 方法的使用格式为:

对象.Drag 整数

无论对象的 DragMode 属性值如何设置,都可以用 Drag 方法人工地启动或停止一个拖放过程。"整数"的取值有以下 3 个。

0:取消指定对象的拖放。

1:当 Drag 方法出现在对象的事件过程中时,允许拖放指定的对象。

2：结束对象的拖动，并触发一个 DragDrop 事件。

（3）事件

与拖放有关的事件有 DragDrop 和 DragOver。当把对象拖到目的地、松开鼠标键，就会触发 DragDrop 事件；当拖动对象越过一个控件时，触发 DragOver 事件。两事件过程的格式是：

```
Sub 对象_DragDrop(Source As Control, X As Single, Y As Single)
Sub 对象_DragOver(Source As Control, X!, Y!, State As Integer)
```

其中，参数 Source 是一个对象变量；DragDrop 事件中参数 X、Y 是松开鼠标键放下对象时鼠标光标的位置，DragOver 事件中参数 X、Y 是拖动时鼠标光标的位置；参数 State 是一个整数值，可以取以下 3 个值。

0：鼠标光标正进入目标对象的区域。

1：鼠标光标正退出目标对象的区域。

2：鼠标光标正位于目标对象的区域之内。

9.2　实验目的

1. 熟悉键盘事件的应用；
2. 熟悉鼠标事件的应用。

9.3　模仿类实验

【实验 9-1】编程显示鼠标在窗体上移动的坐标。

【解析】鼠标移动就会触发 MouseMove 事件，因此，本题应编写一个 Form_MouseMove 事件过程，并将坐标显示到两个文本框中。程序参考界面如图 9-1 所示。

```
Sub Form_MouseMove(Button As Integer, Shift As
Integer, X!, Y!)
   Text1 = X
   Text2 = Y
End Sub
```

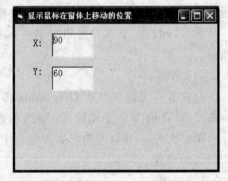

图 9-1　实验 9-1 参考界面

【实验 9-2】编写文本框的 KeyPress 事件过程，使得文本框中只能接收数字字符（即一旦按下其他字符，就无法输入到文本框中）。

【解析】只须在输入非数字字符时改为空字符（ASCII 码值为 0）即可。

```
Private Sub Form_Load()                  '初启动时文本框为空
   Text1 = ""
End Sub
```

```
Private Sub Text1_KeyPress(KeyAscii As Integer)      '处理非数字字符
    If KeyAscii < Asc("0") Or KeyAscii > Asc("9") Then
        KeyAscii = 0                                 '空字符的 ASCII 码值为 0
    End If
End Sub
```

【实验 9-3】编程体会一下将图片框控件拖放到另一个图片框上的视觉效果（图形文件存放在本程序所在的路径下）。

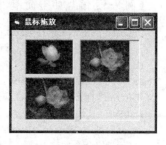

【解析】参考图 9-2 所示的程序运行界面，本程序可以将左侧的两个图片拖放到右侧的图片框上。为了显示效果美观，首先将左侧图片框 1 和图片框 2 的 AutoSize 属性设置为 True；为了能自动拖放，还必须将图片框 1 和图片框 2 的 DragMode 属性设置为 1（也可以在属性窗口中设置）。

图 9-2　实验 9-3 参考界面

```
Private Sub Form_Load()
    Picture1.AutoSize = True
    Picture2.AutoSize = True
    Picture1.DragMode = 1
    Picture2.DragMode = 1
    Picture1.Picture = LoadPicture(App.Path & "\h.jpg")
    Picture2.Picture = LoadPicture(App.Path & "\m.jpg")
End Sub

Private Sub Picture3_DragDrop(Source As Control, X!, Y!)
    Picture3.Picture = Source.Picture
End Sub
```

9.4　练习类实验

【练习 9-1】编写文本框的 KeyPress 事件过程，使得文本框中只能接收大写字母（即一旦按下其他字符，就无法输入到文本框中）。

【练习 9-2】编写文本框的 KeyPress 事件过程，使得一旦输入英文字母，就呈大写状态显示在文本框中。

【练习 9-3】编写一个 MouseDown 事件过程，输出触发此过程时按下的是鼠标的哪一个键。

9.5　常见问题和错误解析

1. 鼠标各事件的发生次序复杂

任何情况下单击鼠标左键，MouseDown 事件都会在 MouseUp 事件和 Click 事件之前发生。但是，MouseUp 事件和 Click 事件发生的次序与单击的对象有关。

（1）当单击发生在窗体、文本框或标签上时，触发的顺序是：

MouseDown→MouseUp→Click

（2）当单击发生在命令按钮上时，触发的顺序是：

MouseDown→ Click → MouseUp

【例 9-5】编写如下简单程序，验证鼠标事件发生顺序。

```
Private Sub Command1_Click()
    Print "命令按钮 Click 事件"
End Sub
Private Sub Command1_MouseDown(Button As Integer, Shift As Integer, X!, Y!)
    Print "命令按钮 MouseDown 事件"
End Sub
Private Sub Command1_MouseUp(Button As Integer, Shift As Integer, X!, Y!)
    Print "命令按钮 MouseUp 事件"
End Sub
Private Sub Label1_Click()
    Print "标签 Click 事件"
End Sub
Private Sub Label1_MouseDown(Button As Integer, Shift As Integer, X!, Y!)
    Print "标签 MouseDown 事件"
End Sub
Private Sub Label1_MouseUp(Button As Integer, Shift As Integer, X!, Y!)
    Print "标签 MouseUp 事件"
End Sub
Private Sub Text1_Click()
    Print "文本框 Click 事件"
End Sub
Private Sub Text1_MouseDown(Button As Integer, Shift As Integer, X!, Y!)
    Print "文本框 MouseDown 事件"
End Sub
Private Sub Text1_MouseUp(Button As Integer, Shift As Integer, X!, Y!)
    Print "文本框 MouseUp 事件"
End Sub
```

2. 键盘扫描码与键盘 ASCII 码容易混淆

键盘扫描（KeyCode）是对键盘上物理按键的编码，即大写字母与小写字母使用同一个键，它们的 KeyCode 相同，为显示出来的大写字母的 ASCII 码（KeyAscii）。对于有上、下档字符的键，其 KeyCode 也是相同的，为下档字符的 ASCII 码。另外，由于输入大写字母有两种方式，其中一种是，按住 Shift 键的同时按相应字母键，因此，对于 KeyPress 事件，虽然按下了两个键，但只相当于按下一个键，该事件只发生一次。

9.6　提高题与兴趣题

【习题 9-1】编程实现如下功能：用手动拖放的方式将图片框随意拖放到窗体的任意位置（拖动过程中用图标文件 face.ico 代替图片框出现），图片框拖动前后的程序参考界面如

图 9-3 所示。

(a) 拖动前　　　　　　　　　　(b) 拖动后

图 9-3　习题 9-1 参考界面

【解析】在窗体上画出一个图片框后,所有属性均采用默认值。然后在 Form_Load 事件过程中,设置图片框的 DragIcon 属性为"face.ico";按下鼠标键就会触发 MouseDown 事件,在图片框的 MouseDown 事件过程中,打开其拖动开关(否则,无法拖动图片框);在 Form_DragDrop 事件过程中,用 Move 方法移动图片框即可。

```
Private Sub Form_Load()                   '程序初启动状态
   Picture1.AutoSize = True
   Picture1.Picture = LoadPicture(App.Path & "\h.jpg")
   Picture1.DragIcon = LoadPicture(App.Path & "\face.ico")
End Sub

Private Sub Picture1_MouseDown(Button As Integer, Shift As Integer, X!, Y!)
   Picture1.Drag 1
End Sub

Private Sub Picture1_MouseUp(Button As Integer, Shift As Integer, X!, Y!)
   Picture1.Drag 2
End Sub                                   '此过程可以省略,效果一样

Private Sub Form_DragDrop(Source As Control, X As Single, Y As Single)
   Source.Move X, Y
End Sub
```

【习题 9-2】编程实现直接用鼠标绘图。要求:按下鼠标左键并移动,画出宽度为 2 的细线;按下鼠标右键并移动,画出宽度为 4 的粗线。程序参考界面如图 9-4 所示。

【解析】借助 MouseMove 事件过程、PSet 方法可以完成本题任务。

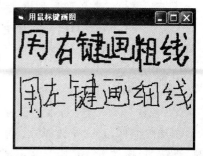

```
Private Sub Form_MouseMove(Button As Integer, Shift As
Integer, X!, Y!)
   If Button = 1 Then
      DrawWidth = 2
      PSet (X , Y)
   ElseIf Button = 2 Then
      DrawWidth = 4
      PSet (X , Y)
   End If
End Sub
```

图 9-4　习题 9-2 参考界面

第10章
菜单、通用对话框与多窗体

　　一个窗体的界面大小是有限的,对于一个 VB 应用程序而言,当操作简单时,通过控件就可以完成;但当要完成的操作复杂时,使用菜单就十分必要了。在实际应用中,对于复杂的应用程序,甚至需要创建多个窗体来实现,每个窗体有自己的界面和程序代码,分别完成相互关联又相互独立的不同功能。

　　对话框在 Windows 操作中应用非常普遍,也非常重要。在 VB 应用程序中,对话框有三种:预定义对话框、通用对话框和用户自定义对话框。预定义对话框是系统定义的对话框,可以通过调用 InputBox 等函数直接显示;通用对话框给用户提供了"打开"、"另存为"、"颜色"、"字体"、"打印"和"帮助"六种类型的对话框。使用通用对话框可以减少程序设计的工作量。当将窗体的 BorderStyle、ControlBox、MaxButton 和 MinButton 的属性分别设置为 1、False、False 和 False 时,就可以设计成对话框来使用了,这就是用户自定义对话框。

10.1　知识要点

1. 菜单

　　菜单是改善用户界面的重要手段,用于给程序中用到的命令分组,使得用户能够更直观、更方便地进行操作。

　　菜单有两种类型:下拉式菜单和弹出式菜单。弹出式菜单需要在程序中使用 PopupMenu 方法显示,其总菜单项的 Visible 属性一般应设为 False,运行程序后,通常设置为单击鼠标右键才会出现;而下拉式菜单在程序执行时自动出现。这两种菜单都用菜单编辑器设置。

　　不管是下拉式菜单还是弹出式菜单,菜单中的所有菜单项(包括分隔线)从本质上来说,都是与命令按钮相似的控件,有属性、方法和事件,能响应 Click 事件。为菜单项编写的程序就是 Click 事件过程。

2. 通用对话框

　　VB 控件分为 3 类:标准控件、ActiveX 控件和可插入对象,通用对话框属于 ActiveX 控件。添加此控件,首先要选择"工程"|"部件"|Microsoft Common Dialog Control 6.0,单击"确定"按钮,控件工具箱中就会出现"通用对话框"图标。在窗体上添加通用对话框控件后,只能以图标方式显示,不能调整其大小(与计时器类似),程序运行时该图标消失。

　　通用对话框的类型由其 Action 属性决定,也可以用相应的方法设置。Action 属性取值为 1～6,各值含义如下。

　　1：显示"打开"对话框(方法：ShowOpen)。

　　2：显示"另存为"对话框(方法：ShowSave)。

　　3：显示"颜色"对话框(方法：ShowColor)。

　　4：显示"字体"对话框(方法：ShowFont)。

　　5：显示"打印机"对话框(方法：ShowPrinter)。

　　6：显示"帮助"对话框(方法：ShowHelp)。

3. 多窗体

　　一个功能较为复杂的应用程序通常包含多个窗体,欲添加多个窗体,只需选择 VB 集成开发环境中"工程"菜单下的"添加窗体"即可。各个窗体的界面设计与单窗体设计时是一样的；程序代码也是针对每个窗体编写的,与单窗体程序设计类似,但是,应注意各个窗体之间的相互关系。

　　与多窗体程序设计有关的语句和方法有：Load、UnLoad 语句；Show、Hide 方法。在窗体的加载和卸载过程中会触发多种事件。

　　(1) 在首次用 Load 语句将窗体调入内存时,依次触发 Initialize 和 Load 事件。

　　(2) 在用 UnLoad 语句将窗体从内存中卸载时,会触发 UnLoad 事件。

　　(3) Show 方法兼有加载和显示窗体两种功能,窗体一旦成为活动窗口,就会触发其 Activate 事件。

　　(4) Hide 方法用来将窗体暂时隐藏起来,但没有从内存中卸载。窗体一旦隐藏,就会触发其 Deactivate 事件。

4. 标准模块

　　标准模块也称全局模块,由全局变量声明(Public)、模块级常量及变量声明(Dim、Private)、通用过程等几部分构成。标准模块作为独立的文件存储,扩展名为".bas"。

　　一个应用程序可以含有多个标准模块,也可以将原有的标准模块加载到程序中。当一个程序中含有多个标准模块时,各模块中的过程最好不要重名；一旦重名,过程名前要加"模块名."作前缀。

　　一般情况下,整个应用程序从设计时的第一个窗体开始执行,如果需要从其他窗体开始执行,则必须通过"工程"菜单中的"工程属性"指定启动窗体。也可以在标准模块中建立 Sub Main 过程,并通过"工程"菜单中的"工程属性"指定其为启动过程。标准模块可以有多个,但 Sub Main 过程只能有一个。由于 Sub Main 过程可以先于窗体模块执行,因此常被用来设定初始化条件。

10.2　实验目的

　　1. 掌握下拉式菜单和弹出式菜单的制作和应用；

　　2. 了解通用对话框的作用并掌握其正确的使用方法；

　　3. 掌握多窗体的启动和应用；

4. 掌握菜单、通用对话框、多窗体的综合应用。

10.3 模仿类实验

【**实验 10-1**】编程完成以下工作：使用弹出式菜单将文本框中的文字进行"黑体、粗体、字体大小"的设置，并且单击弹出式菜单中的"退出"结束程序运行。程序界面参见图 10-1。

【**解析**】首先在窗体上添加一个文本框，使用 Form_Load 过程赋值；再用菜单编辑器添加菜单"字体"，名称为 ZT，属性为不可见，及其下一级菜单："黑体"（名称为 H）、"粗体"（名称为 C）、"大小"（名称为 D）和"退出"（名称为 T）。参考程序如下：

图 10-1　实验 10-1 参考界面

```
Private Sub C_Click()                 '选择"粗体"
  If Text1.FontBold = True Then
   Text1.FontBold = False
  Else
   Text1.FontBold = True
  End If
End Sub

Private Sub D_Click()                 '选择"大小"
  Text1.FontSize = 16
End Sub
Private Sub Form_Load()               '初始显示界面
  Text1 = "VB是可视化高级程序设计语言"
End Sub
Private Sub Form_MouseDown(Button As Integer, Shift As Integer, X!, Y!)
  If Button = 2 Then PopupMenu ZT     '在单击右键处显示弹出式菜单
End Sub
Private Sub H_Click()                 '选择"黑体"
  Text1.Font.Name = "黑体"
End Sub
Private Sub T_Click()                 '选择"退出"
  End
End Sub
```

图 10-2　实验 10-2 参考界面

【**实验 10-2**】编程完成如下功能：单击图 10-2 中"文件"下拉式菜单"打开"中的"文本文件"，在弹出的"打开"通用对话框中选择一个文本文件，将其内容显示到文本框中；单击"文件"的下拉式菜单"打开"中的"图形文件"，在弹出的"打开"通用对话框中选择一个图形文件，将其内容显示到图片框中。

【**解析**】根据题意，首先在窗体上添加"文件"菜单及其下拉式菜单"打开"和"退出"(名称 Close),以及"打开"的下一级菜单"文本文件"(名称 Txt)和"图形文件"(名称 Tx)。再添加 1 个通用对话框、1 个文本框和 1 个图片框,并进行属性设置:文本框的 MultiLine 属性设置为 True,ScrollBars 设置为 3-Both。然后编写如下 3 个单击事件:

```
Private Sub Tx_Click()                '选择"图形文件"
 Dim s As String
 CommonDialog1.Action = 1
 s = CommonDialog1.FileName
 If LCase(Right(s, 3)) = "jpg" Or LCase(Right(s, 3)) = "gif" Then
    Picture1.Picture = LoadPicture(s)
 Else
    MsgBox "文件类型不合适处理!"
 End If
End Sub

Private Sub Txt_Click()               '选择"文本文件"
 Dim s As String
 Text1 = ""
 CommonDialog1.Action = 1
 s = CommonDialog1.FileName
 If LCase(Right(s, 3)) = "txt" Then
   Open s For Input As ♯1            '文件操作见第 11 章
   Do While Not EOF(1)
     Line Input ♯1, s
     Text1 = Text1 & s & vbCrLf
   Loop
   Close
 Else
   MsgBox "文件类型不合适本过程处理!"
 End If
End Sub

Private Sub Close_Click()             '选择"退出"
   End
End Sub
```

【实验 10-3】编写一个简单的应用程序,熟悉一下多窗体的应用,完成如下功能:添加 3 个窗体,第一个为主窗体,内有 3 个命令按钮(见图 10-3(左)),单击"输入成绩"按钮后,显示第二个窗体,录入成绩;单击"输出成绩"按钮后,显示第三个窗体,输出总成绩及其达线情况。另外两个窗体的控件组成参见图 10-3(右)和图 10-4。

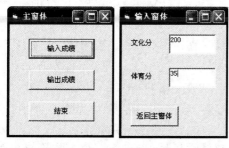

图 10-3 实验 10-3 参考界面一

图 10-4 实验 10-3 参考界面二

【解析】首先添加3个窗体以及各自的控件,并设置第一个窗体为启动窗体,将存放"文化分"、"体育分"以及"今年分数线"的3个变量声明成 Public 型的全局变量,以便被其他窗体模块调用。

【窗体1对应的代码】

```
Public a As Single, b As Single
Public fsx As Single
Private Sub Command1_Click()              '单击"输入成绩"按钮
    fsx = InputBox("首先请输入今年录取分数线")
    Form1.Hide
    Form2.Show
End Sub


Private Sub Command2_Click()              '单击"输出成绩"按钮
    Form1.Hide
    Form3.Show
End Sub


Private Sub Command3_Click()              '单击"结束"按钮
    End
End Sub
```

【窗体2对应的代码】

```
Private Sub Command1_Click()              '输入成绩后显示窗体1
    Form1.a = Val(Text1.Text)
    Form1.b = Val(Text2.Text)
    Form1.Show
    Form2.Hide
End Sub
```

【窗体3对应的代码】

```
Private Sub Command1_Click()              '显示窗体1
    Form3.Hide
    Form1.Show
End Sub


Private Sub Form_Activate()               '判断分数是否达线
    Text1.Text = Form1.a + Form1.b
    Label4.Caption = Form1.fsx
    If Text1 >= Form1.fsx Then
        Text2.Text = "达线"
    Else
        Text2.Text = "未达线"
    End If
End Sub
```

【实验10-4】编写一个含有4个窗体的程序,执行程序后,单击第1个窗体则显示第2

个窗体(当前窗体隐藏起来)、单击第 2 个窗体则显示第 3 个窗体(当前窗体隐藏起来)、单击第 3 个窗体则显示第 4 个窗体(当前窗体隐藏起来)、单击第 4 个窗体则又显示第 1 个窗体(当前窗体隐藏起来)。要求显示时 4 个窗体的位置、大小都相同。只有第一个窗体上有一个"结束"按钮,单击该按钮即结束程序的运行。参考程序界面如图 10-5 所示。

图 10-5 实验 10-4 窗体 1 参考界面

【解析】可以在标准模块中编写一个通用过程,以窗体作为参数,来对每一个窗体的位置、大小做同样设置。另外,建立一个 Sub Main 过程,作为程序的启动过程,率先完成对通用过程的调用,以使每个窗体大小相等、位置相同。参考程序代码如下:

【标准模块代码】

```
Sub main()
 Call FSET(Form1)
 Call FSET(Form2)
 Call FSET(Form3)
 Call FSET(Form4)
 Form1.Show
End Sub

Public Sub FSET(Fnum As Form)
 Static x%
 x = x + 1
 Fnum.Left = 10000
 Fnum.Top = 3000
 Fnum.Width = 5000
 Fnum.Height = 3000
 If x = 4 Then x = 0
 Fnum.Caption = Fnum.Caption & ":单击窗体切换到窗体" & x + 1
End Sub
```

【窗体 1 代码】

```
Private Sub Command1_Click()
 End
End Sub
Private Sub Form_Click()
 Form1.Hide
 Form2.Show
End Sub
```

【窗体 2 代码】

```
Private Sub Form_Click()
 Form2.Hide
 Form3.Show
End Sub
```

【窗体 3 代码】

```
Private Sub Form_Click()
 Form3.Hide
 Form4.Show
End Sub
```

【窗体 4 代码】

```
Private Sub Form_Click()
 Form4.Hide
 Form1.Show
End Sub
```

10.4　练习类实验

【练习 10-1】编程实现如下功能：在名称为 Form1 的窗体上，画一个名称为 SAV 的通用对话框，通过属性窗口设置 SAV 的初始路径为 C:\，默认的文件名为 Ex，标题为"保存 VB 练习"，程序一执行，SAV 对话框就显示出来。

【练习 10-2】在名称为 Form1 的窗体上，画一个名称为 Shape1 的形状控件，然后建立一个菜单，标题为"形状"，名称为 sh，该菜单有两个子菜单，其标题分别为"正方形"和"圆形"，名称分别为 sh1 和 sh2，如图 10-6 所示。编写适当程序，运行后，若选择菜单项"正方形"，则形状控件呈正方形显示；若选择菜单项"圆形"，则形状控件呈圆形显示。

【练习 10-3】在名称为 Form1 的窗体上建立一个名称为"menu1"、标题为"文件"的弹出式菜单，含有 3 个菜单项，标题分别为"打开"、"关闭"、"保存"，名称分别为"m1"、"m2"、"m3"。再画一个命令按钮，标题为"弹出菜单"，名称为 Command1。编程实现：单击命令按钮，可弹出"文件"菜单，如图 10-7 所示。

图 10-6　练习 10-2 参考界面

图 10-7　练习 10-3 参考界面

【练习 10-4】编程实现如下功能：添加两个窗体，在 Form1 上画 2 个命令按钮，在 Form2 上画 1 个命令按钮，控件的所有属性都采用默认值。设置 Form2 为启动窗体。运行程序后，Form2 的标题变成"启动窗体为 Form2"，其命令按钮的标题显示为"切换到第一个窗体"，单击此按钮，Form1 显示出来；Form1 显示后，其标题变成"又从 Form2 返回到 Form1"，其第一个命令按钮的标题显示为"显示第二个窗体"，第二个命令按钮的标题显示为"结束"。单击"显示第二个窗体"按钮，Form2 再次显示出来；单击"结束"按钮，程序停止运行。

10.5 常见问题和错误解析

1. 混淆菜单项的标题属性与名称属性

菜单项的标题是出现在窗体菜单上的文本,与控件的 Caption 属性类似,但是没有默认值,一般用中文描述;名称是在代码中引用的菜单名字,为方便起见,一般用英文描述,名称值不能缺省。初学者常常将二者搞混了,标题用英文描述、名称用中文描述,从而遭致编程麻烦。

2. 通过. frm 打开多窗体程序时报"要求对象"错误

打开一个简单的单窗体的应用程序,既可以通过双击.vbp 文件,也可以通过双击.frm 文件来实现;但是打开一个多窗体的应用程序,必须双击.vbp 文件才能实现。若双击了其中的一个.frm 文件,则只能加载该窗体文件,运行程序时,系统会报"要求对象"错误。

另外,对于多窗体程序,当添加或删除窗体时,必须重新保存工程文件;否则,工程文件不能记录这一变化。当需要将一个多窗体应用程序通过"另存为"重新保存时,必须对工程文件和各个窗体文件一一进行"另存为"操作。

3. Load 语句与 Show 方法的区别

用 Load 语句只能将窗体装入内存,且使得窗体的 Visible 属性为 False(无论在设计模式下如何设置了 Visible 属性),因此,并不能将窗体显示出来;而 Show 方法既能将窗体装入内存,也能使得窗体的 Visible 属性为 True(无论在设计模式下如何设置了 Visible 属性),因此,窗体得以显示。

10.6 提高题与兴趣题

【习题 10-1】编程实现如下功能:在窗体上画一个圆,代表时钟,当程序运行时,通过窗体的 Activate 事件过程在圆上产生 12 个刻度点,并完成初始化工作;另画一长(红色)一短(蓝色两条直线,表示两个指针。程序运行时,单击"开始"按钮,则每隔 1 秒钟长指针顺时针转动一个刻度,短指针顺时针转动 1/12 个刻度(即长指针转动一圈,短指针转动一个刻度),单击"停止"按钮,两个指针停止转动。

【解析】首先在窗体上画出合适的圆形(Shape1)和两条直线(Line1、Line2),设置长线的 BorderColor 属性为红色、短线的 BorderColor 属性为蓝色,且让二者叠合在一起。注意两条直线的一个端点要落在圆心上。再添加一个计时器控件,设置其 Interval 属性值为 1000,其他控件的添加及属性设置参见图 10-8。

为使圆与直线位置、大小相配,设置相应属性如表 10-1 所示。

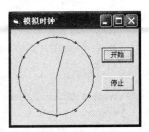

图 10-8 习题 10-1 参考界面

表 10-1 控件属性设置

控 件 名 称	属 性	属 性 取 值
Shape1	Height	2000
	Width	2000
	Left	200
	Top	200
Line1	X1	1200
	X2	1200
	Y1	1200
	Y2	250
Line2	X1	1200
	X2	1200
	Y1	1200
	Y2	400

还要用到三角函数,计算出两个指针每次移动的位置,为了使用方便,将圆的半径、线的长度等声明成模块级变量或常量。参考程序代码如下:

```vb
Const x0 % = 1200, y0 % = 1200, r % = 1000        '圆心坐标,圆的半径
Const pi! = 3.14159
Dim len1 %, len2 %
Dim a!, b!

Private Sub Command1_Click()
  Timer1.Enabled = True
End Sub

Private Sub Command2_Click()
  Timer1.Enabled = False
End Sub

Private Sub Form_Activate()                        '一旦成为活动窗口就触发该事件过程
  For k = 0 To 359 Step 360 / 12
    x = r * Sin(k * 3.14159 / 180) + x0
    y = y0 - r * Cos(k * 3.14159 / 180)
    Form1.Circle (x, y), 20
  Next k
  a = pi / 2
  b = pi / 2
  len1 = Line1.Y1 - Line1.Y2
  len2 = Line2.Y1 - Line2.Y2
End Sub

Private Sub Timer1_Timer()
  a = a - pi / 6
  Line1.X2 = len1 * Cos(a) + x0
  Line1.Y2 = y0 - len1 * Sin(a)
  b = b - pi / 6 / 12
```

```
    Line2.X2 = len2 * Cos(b) + x0
    Line2.Y2 = y0 - len2 * Sin(b)
End Sub
```

【**习题 10-2**】窗体上有 3 个文本框 Text1、Text2、Text3，给 Text3 设置合适属性值，使其在程序运行时不显示，作为模拟的剪贴板使用。建立下拉式菜单，含 1 个编辑菜单（Edit）及 3 个子菜单：剪切（Cut）、复制（Copy）和粘贴（Paste），参考界面如图 10-9 所示。编程实现如下功能：当光标所在的文本框中无内容时，"剪切"、"复制"不可用，否则可以将该文本框中的内容剪切或复制到 Text3 中；若Text3 中无内容，则"粘贴"不可用，否则将 Text3 中的内容粘贴到光标所在文本框中的内容之后。

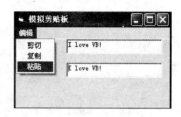

图 10-9　习题 10-2 参考界面

【**解析**】将 Text3 的 Visible 属性设置成 False，并声明一个模块级变量 Num，记录光标所在文本框的次序号。当光标在 Text1 中（或称 Text1 获得焦点）时，Num 值为 1；光标在Text2 中（或称 Text2 获得焦点）时，Num 值为 2。参考程序代码如下：

```
Dim Num As Integer

Private Sub Copy_Click()                '选择"复制"
  If Num = 1 Then
    Text3.Text = Text1.Text
  ElseIf Num = 2 Then
    Text3.Text = Text2.Text
  End If
End Sub

Private Sub Cut_Click()                 '选择"剪切"
  If Num = 1 Then
    Text3.Text = Text1.Text
    Text1.Text = ""
  ElseIf Num = 2 Then
    Text3.Text = Text2.Text
    Text2.Text = ""
  End If
End Sub

Private Sub Edit_Click()                '设置子菜单的合适状态(可用或不可用)
  If Num = 1 Then
    If Text1.Text = "" Then
      Cut.Enabled = False
      Copy.Enabled = False
    Else
      Cut.Enabled = True
      Copy.Enabled = True
    End If
  ElseIf Num = 2 Then
    If Text2.Text = "" Then
```

```
            Cut.Enabled = False
            Copy.Enabled = False
        Else
            Cut.Enabled = True
            Copy.Enabled = True
        End If
    End If
    If Text3.Text = "" Then
        Paste.Enabled = False
    Else
        Paste.Enabled = True
    End If
End Sub

Private Sub Paste_Click()              '选择"粘贴"
    If Num = 1 Then
        Text1.Text = Text1 + Text3.Text
    ElseIf Num = 2 Then
        Text2.Text = Text2 + Text3.Text
    End If
End Sub

Private Sub Text1_GotFocus()           '当焦点在 Text1 中时, Num = 1
    Num = 1
End Sub

Private Sub Text2_GotFocus()           '当焦点在 Text2 中时, Num = 2
    Num = 2
End Sub
```

第11章

文件

11.1 知识要点

1. 文件的基本概念

文件是存储在外存储器上的一组相关信息的集合。因此,文件都有文件名,且有存储位置,访问一个文件,一般应该给出文件的全名,即"盘符\路径\文件主名.扩展名";如果访问的文件存放在当前盘当前路径下,只需给出"App. Path & "\文件主名.扩展名" "即可。

对于计算机而言,文件是指存放在磁盘上的一系列相关的字节。当应用程序访问一个文件时,必须假定这些字节表示的是什么(是字符、整数,还是逻辑值)。

为了有效地存取数据,应根据数据存放在文件中的方式,使用适当的文件访问类型。在 VB 中有三种文件访问类型:顺序访问、随机访问和二进制访问。

2. 文件及其分类

(1) 按照文件的内容对文件进行分类

① 程序文件;

② 数据文件。

本章学习的重点是数据文件,当输入、输出的数据量增大,或输出结果欲长久保留时,就应该使用数据文件。

(2) 按照文件的存取方式对文件进行分类

① 顺序文件(Sequential File);

② 随机文件(Random Access File);

③ 二进制文件(Binary File)。

本章学习的重点是顺序文件。

(3) 按照文件的数据编码方式对文件进行分类

① ASCII 文件;

② 二进制文件。

本章学习的重点是 ASCII 文件,即文本文件。

3. 文件及其操作

访问一个数据文件的操作分三步：打开文件、读写文件和关闭文件。

（1）文件的打开

在对文件进行操作之前，必须先打开文件。打开文件时，系统为文件在内存中开辟了一个专门的数据存储区域，称为文件缓冲区。每一个文件缓冲区都有一个文件编号，文件号就代表文件，对文件的所有操作都通过文件号进行。文件被打开后，自动生成一个隐含的文件指针，文件的读写就从这个指针所指的位置开始。用 Append 打开一个文件后，文件指针指向文件的末尾，而用其他方式打开文件时文件指针则指向文件的开头。

（2）文件的读写

将数据从内存写入文件（存放到外存上），即通常所说的将数据写入文件，称为输出或者写入、存入，使用规定的"写语句"完成；将数据从外存上的文件读到内存变量中，即通常所说的将数据读入到变量，称为输入或者读出、取出，使用规定的"读语句"完成。完成一次读写操作后，文件指针自动移到下一个读写操作的起始位置，移动量的大小由 Open 语句和读写语句中的参数共同决定。对于顺序文件，文件指针移动的长度与其所读写的数据字符串的长度相同；而对于随机文件，文件指针的最小移动单位是一个记录的长度。

（3）文件的关闭

由于对文件的读写操作都是在缓冲区中进行的，因此，当结束对文件的所有读写操作之后，还必须将文件关闭。只有关闭文件时，才将缓冲区中的数据全部写入外存文件中，否则容易造成数据丢失。

4. 顺序文件及其操作

（1）顺序文件的写操作

顺序访问适用于普通的文本文件。文件中的每一个字符代表一个文本字符或者文件格式符（比如，回车 CHR(13)、回车换行符 CHR(13)＋CHR(10)）。文件中的数据是以 ASCII 码方式存储的。实质上，顺序文件就是 ASCII 文件，通常用记事本打开。文件中的数据是按顺序组织的，访问顺序文件时只能按顺序存取，不可以跳过前面的数据而直接读/写某个数据。顺序文件写操作相关语句如表 11-1 所示。

表 11-1   顺序文件写操作相关语句

操作	语 句 格 式	功　　能
打开	Open 文件名 For Output As［＃］文件号	覆盖原来内容
	Open 文件名 For Append As［＃］文件号	数据添加到文件的尾部
写入	Print ＃文件号,［输出列表］	以紧凑或标准格式写入
	Write ＃文件号,［输出列表］	以紧凑格式写入数据
关闭	Close 文件号 1［,文件号 2,…］	关闭文件号对应的文件
	Close	关闭所有文件

【说明】

① 以方式一打开老文件，在执行写操作时，文件中原来内容被覆盖。因此，一般用来建

立新文件。

② Print 语句的输出列表中分隔符可以是逗号或分号，打印格式分别对应标准格式或紧凑格式。

③ Write ♯ 语句与 Print ♯ 语句功能基本相同，它们之间的主要差别如下：

- 用 Write ♯ 语句写到文件中的数据以紧凑格式存放，各数据项之间用逗号作为分隔符，与用分号作为分隔符效果一样。
- 用 Write ♯ 语句写到文件中的字符串，系统自动地在其首尾两边加上双引号作为字符串数据的定界符。对于写入文件的正数，在其前面不再留有空格。

④ 输出列表默认时（"文件号"后面的逗号不可省略），向文件输出一个空行或者回车换行符。

⑤ 文件名的格式是一个字符串常量或字符串变量，其中内容通常应包括"盘符\路径\文件主名.扩展名"；如果访问的文件存放在当前盘当前路径下，只需给出"App. Path & "\文件主名.扩展名" "即可。

【例 11-1】编程完成如下功能：在窗体上画 2 个命令按钮，单击命令按钮 1，生成 1～100 的平方，保存到程序所在路径下的 pf. txt 文件中，同时，显示到列表框中。再单击命令按钮 2，追加 101～200 的平方到 pf. txt 文件中，同时，也显示到列表框中。程序参考界面如图 11-1 所示，参考程序代码如下：

图 11-1　例 11-1 参考界面

```
Private Sub Command1_Click()              '单击"生成"按钮
 Dim i As Integer
 Open App.Path & "\pf.txt" For Output As #1
 For i = 1 To 100
  Print #1, i; "^2 = "; i * i
  List1.AddItem i & "^2 = " & i * i
 Next i
 Close (1)
End Sub
Private Sub Command2_Click()              '单击"添加"按钮
 Dim i As Long
 Open App.Path & "\pf.txt" For Append As #1
 For i = 101 To 200
  Print #1, i; "^2 = "; i * i
  List1.AddItem i & "^2 = " & i * i
 Next i
 Close (1)
End Sub
```

（2）顺序文件的读操作（见表 11-2）

表 11-2　顺序文件读操作相关语句

操作	语 句 格 式	功　　能
打开	Open 文件名 For Input As 文件号	以只读方式打开已有文件
读出	Input ♯ 文件号,变量表	读出 1 到多个数据到变量表
	Line Input ♯ 文件号,变量名	读出一行数据到 1 个变量

【说明】

① 以只读方式只能打开已有文件。

② 第一种读语句中，变量表由一个或多个变量组成，各变量之间用逗号分隔。文件中的数据项的类型应与变量表中对应变量的类型相同。但是，如果一个变量的类型是数值型的，而文件中对应的数据是非数值型的，则将 0 赋给这个变量；对于数值型数据，把后面再遇到的第一个空格或者逗号或者回车、换行符作为数据的结束；而对于字符型数据，则把后面再遇到的第一个不在双引号内的逗号或者回车、换行符作为数据的结束。对于 Boolean 型数据以第一个"♯"符开始，以第二个"♯"符结束。

建议：若用 Input ♯ 语句从文件中读出数据赋给对应变量，数据文件事先最好是用 Write ♯ 语句生成的。

③ 第二种读语句中，从一个打开的顺序文件中读出一行数据赋给一个字符型变量或变体型变量。

（3）几个相关函数

① EOF( ) 函数

【功能】 当文件指针到达文件尾部时返回真，否则返回假。

【格式】

EOF(文件号)

【说明】 当用于顺序文件时，EOF 告诉用户文件指针是否已到达文件最后一个字符或数据项。

② FreeFile 函数

【功能】 以整数形式返回 Open 语句可以使用的下一个有效文件号。

【格式】

FreeFile[(文件号范围)]

【说明】 "文件号范围"是一个可选参数，该参数值为 0 或默认时，返回可用文件号在 1～511 之间；该参数值为 1 时，返回可用文件号在 256～511 之间。

注意：不能单独使用 FreeFile 函数得到一系列的文件号。只有当 Open 语句被使用时，FreeFile 返回值才会改变。

③ LOF( ) 函数

【功能】 返回给文件分配的字节数（即文件的长度）。

【格式】

LOF(文件号)

图 11-2　例 11-2 参考界面

【例 11-2】 编程将同一路径下的歌词"感恩的心.txt"显示到列表框中，程序参考界面如图 11-2 所示（提示：使用 FreeFile 函数获得文件号）。程序参考代码如下：

```
Private Sub Command1_Click()
    Dim num As Integer, str As String
    num = FreeFile
```

```
Open App.Path & "\感恩的心.txt" For Input As #num
Do While Not EOF(num)
  Line Input #num, str
  List1.AddItem str
Loop
Close (num)
End Sub
```

5. 随机文件及其操作

随机文件中每条记录的长度相同,每条记录有唯一的记录号,按记录号进行读写操作,以二进制的形式存放数据。随机文件可以直接对任意一条记录进行读写操作。

一般用 Type…End Type 定义记录类型,再声明记录变量。随机文件中记录类型的字符串成员必须是定长的,声明时必须指明字符串长度。可以通过 Len(记录变量)函数求得记录长度。随机文件操作语句如表 11-3 所示。

表 11-3　随机文件操作语句

操　作	语　句
文件打开	Open 文件名 For Random As #文件号 [Len=记录长度]
写语句	Put [#]文件号,[记录号],变量名
读语句	Get [#]文件号,[记录号],变量名

【说明】省略记录号,则表示在当前记录后插入或读出一条记录。

6. 二进制文件及其操作

任何文件都可以当作二进制文件处理。二进制文件的访问单位是字节,而随机文件的访问单位是记录。当一个程序需要处理不同类型的文件时(如文件复制、合并等),通常把处理的文件当作二进制文件来处理。二进制文件操作语句如表 11-4 所示。

表 11-4　二进制操作语句

操　作	语　句
打开文件	Open 文件名 For Binary As #文件号
写语句	Get(文件号,[位置],变量)
读语句	Put(文件号,[位置],变量)

11.2　实验目的

1. 熟练掌握顺序文件的打开、读写、关闭操作;
2. 了解 Print # 语句与 Write # 语句的区别;
3. 了解随机文件的一般操作;
4. 了解二进制文件的一般操作。

11.3 模仿类实验

【实验 11-1】在窗体上各画一个驱动器列表框、目录列表框和文件列表框,再画一个命令按钮,编程实现如下功能:通过驱动器列表框、目录列表框和文件列表框选中一个文本文件,然后将该文本文件复制到本程序文件所在路径下,命名为 FZ.txt。

【解析】可以先将文件列表框的 Pattern 属性设置为 *.txt,这样,就只显示所有文本文件。另外,为了让驱动器列表框、目录列表框和文件列表框的内容同步变化,需要在驱动器列表框的 Change()和目录列表框的 Change()过程中作相应处理。注意,在路径与文件名之间必须加上"\"分隔符,否则报"文件未找到"错误。参考界面见图 11-3。参考程序如下:

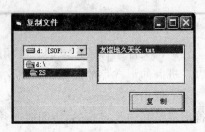

图 11-3 实验 11-1 参考界面

```
Option Explicit
Private Sub Command1_Click()
  Dim s As String
  Dim s1 As String, s2 As String, s3 As String
  s1 = Dir1.Path
  s2 = File1.FileName
  s3 = s1 & "\" & s2
  Open s3 For Input As #1
  Open "FZ.txt" For Output As #2
  Do While Not EOF(1)
    Line Input #1, s
    Print #2, s
  Loop
  MsgBox "复制完毕!"
  Close
End Sub


Private Sub Drive1_Change()
  Dir1.Path = Drive1.Drive
End Sub


Private Sub Dir1_Change()
  File1.Path = Dir1.Path
End Sub
```

【实验 11-2】参考图 11-4 编写程序完成如下功能:从文件"Data.txt"中读出矩阵数据存放到二维数组 a 中。单击"计算"按钮,将矩阵输出到图片框中;并统计出矩阵两个对角线上的元素中能被 3 整除的个数,统计结果显示到第一个文本框中;同时计算矩阵主对角线的元素之和,计算结果显示到第二个文本框中。最后将两个文本框的值存放到 Out.txt 文件中(所有文件与本程序同在一个文件夹下)。

【解析】为简化程序,用 read 子过程从"Data. txt"文件中读出数据,用 Save 子过程往 Out. txt 文件中写入数据。为了使矩阵显示效果整齐,使用 Space 函数与 CStr 函数使其右对齐。

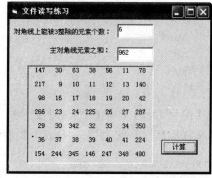

图 11-4　实验 11-2 参考界面

```
Option Base 1
Option Explicit
Dim a(7, 7) As Integer
Public Sub read()          '把数据读入二维数组 a
  Dim i As Integer, j As Integer
  Open App. Path & "\Data. txt" For Input As #1
  Do While Not EOF(1)
    For i = 1 To 7
      For j = 1 To 7
        Input #1, a(i, j)
      Next j
    Next i
  Loop
  Close #1
End Sub


Public Sub Save()                    '写数据到 Out. txt
  Open App. Path & "\Out. txt" For Output As #1
  Print #1, Text1, Text2
  Close #1
End Sub


Private Sub Command1_Click()          '单击"计算"按钮
  Dim Sum As Long, N As Integer, Counter As Integer
  Dim i As Integer, j As Integer, k As Integer
  read
  For i = 1 To 7
    For j = 1 To 7
      Picture1. Print Space(5 - Len(CStr(a(i, j)))) & CStr(a(i, j));
    Next j
    Picture1. Print
    Picture1. Print
  Next i
  N = 7
  Counter = 0
  Sum = 0
  For k = 1 To N
    Sum = Sum + a(k, k)
    If a(k, k) / 3 = Int(a(k, k) / 3) Then
      Counter = Counter + 1
    End If
    If k <> N - k + 1 Then
      If a(k, N - k + 1) / 3 = Int(a(k, N - k + 1) / 3) Then
        Counter = Counter + 1
      End If
```

```
            End If
        Next
        Text2 = Sum
        Text1 = Counter
        Save
    End Sub
```

【实验 11-3】将程序所在路径下的文件 f1.dat 与 f2.dat 合并成 f3.dat。

【解析】若要处理的程序是任意类型的,一般应当作二进制文件处理。参考程序代码如下:

```
Private Sub Command1_Click()
    Dim c As Byte
    Open App.Path & "\f1.dat" For Binary As #1
    Open App.Path & "\f2.dat" For Binary As #2
    Open App.Path & "\f3.dat" For Binary As #3
    Do While Not EOF(1)
        Get #1, , c
        Put #3, , c
    Loop
    Do While Not EOF(2)
        Get #2, , c
        Put #3, , c
    Loop
    Close 1, 2, 3
End Sub
```

11.4 练习类实验

【练习 11-1】编程将随机生成的 10 个一位正整数的立方存放到文件"LF.txt"中,再从中读出前 5 个数据并在窗体上输出它们的和。

【提示】先以 Output 方式打开 LF.txt 文件,以便写入相应数据,然后关闭该文件,再以 Input 方式打开 LF.txt 文件,以便读出相应数据,并求和输出。

【练习 11-2】编程实现如下功能:通过驱动器列表框、目录列表框和文件列表框选中任意一个文本文件,然后将该文本文件的内容显示到窗体上的列表框中。

【练习 11-3】先任意用记事本生成两个文本文件,再编程将这两个文本文件合并成一个文本文件。

【练习 11-4】先打开记事本,在其中按如下格式(每个数据之间加一个空格)输入一些分数:

```
10 20 30 35 60 60 67 68 69 65 70 79 77 77 76
80 89 85 85 85 90 99 100 100 95 95 80 80 80
70 70 70 70 70 70 70 70 70 70 70 80 80 60 60 60 60
60 60 50 50 50 60 60 70 85 85 85 90 90 50 50 70 70
70 70 60 60 60 60 60 60 60 60 60 70 70 70 80 80 80 80
```

分数个数自定,以 in4.txt 为文件名保存到本程序所在路径下。然后编程完成如下功能：运行程序时(用 Form_Load()完成)，从数据文件 in4.txt 中读取学生成绩，单击"统计"按钮，统计总人数、平均分(四舍五入取整)、及格人数和不及格人数，将统计结果显示在相应的文本框中，单击"保存"按钮将四个文本框的内容保存到 out4.txt 文件中。程序的参考界面见图11-5。

图 11-5　练习 11-4 参考界面

11.5　常见问题和错误解析

1. 使用驱动器列表框、目录列表框和文件列表框不当

（1）三者未能同步变化

初学者常常忘记在程序中添加如下两个过程，于是在程序执行过程中，驱动器列表框、目录列表框和文件列表框的内容变化是相互独立的，从而失去了使用它们的意义。

```
Private Sub Drive1_Change()
    Dir1.Path = Drive1.Drive
End Sub

Private Sub Dir1_Change()
    File1.Path = Dir1.Path
End Sub
```

（2）由三者组成的"文件全名"书写有误

例如，假设控件都使用默认名称，在选中某一待处理文件时，Dir1.Path 中保留着文件所在的盘符、路径，而 File1.FileName 中保留着主文件名和扩展名，因此，在 Open 语句中的"文件名"处应这样描述：

```
Dir1.Path & "\" & File1.FileName
```

而初学者常常遗漏了中间的"\"，系统报"路径/文件访问错误"。

2. Open 语句中的"文件名"书写错误

（1）Open 语句中的"文件名"既可以是字符串常量，也可以是字符串变量，初学者常常混淆不清。例如：

```
Dim s As String
s = "D:\my.txt"
Open "s" For Output As #1
```

以上程序段已将正确的文件全名(即盘符、路径、文件主名、扩展名)字符串赋值给了字符变量 s，在 Open 语句中只要直接写出 s 即可代表"文件名"，而初学者常常会加上字符串常量的双引号""""，这样，系统并不报错，而是在当前路径下，生成一个文件名为"s"、扩展名未知的文件。若出现常量没有加双引号""""的错误，系统直接红色显示语法错误，例如：

```
Open D:\my.txt  For Output As #1
```

（2）文件所在路径书写不当。例如，若在程序中有语句"Open "D:\VB\my.txt" For Output As #1"，而 D 盘下却还没有建立 VB 文件夹，系统会报"路径未找到"错误。

3. 顺序文件还未关闭，又以另外方式打开

有时会出现类似练习 11-1 中的问题：对同一个文本文件，"先读后写"或"先写后读"。正确的做法是，先按读（或写）方式打开文件，读取（写入）完毕后，关闭文件，再用写（或读）方式重新打开文件，进行写入（读取）操作，最后再次关闭该文件。初学者常常在第一次操作后，忘记先关闭文件，再用另一种方式重新打开文件，系统会报"文件已打开"错误。例如：

```
Open "D:\my.txt" For Output As #1
……(其中不包含 Close 语句)
Open "D:\my.txt" For Input As #1
```

11.6 提高题与兴趣题

【习题 11-1】编写一个简单的学生成绩管理程序。输入一个新的学生信息"学号、姓名、成绩"，单击"追加记录"按钮，能将该学生信息添加到现有成绩单文件 stud. dat 中；给定一个记录号，再单击"显示记录"按钮，相应的学生信息显示到各对应文本框；单击"清空"按钮，清空除"总记录数"对应文本框以外的其他文本框内容。按下右上角的四个按钮，分别显示相应记录信息。参考界面见图 11-6。

【解析】为了使"欲显示的记录号"输入正确，可以使用 Form_Load()过程将已有成绩单文件"stud. dat"中的总记录数显示在窗体上；将最后一条记录的下一条记录处理成第一条记录，将第一条记录的前一条记录处理成最后一条记录，可以保持程序的连贯。

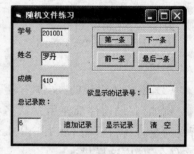

图 11-6 习题 11-1 参考界面

```
Option Explicit
Dim std As STU
Dim RecNo As Integer
Private Sub Command1_Click()            '追加记录
  With std
   .No = Text1
   .Name = Text2
   .Score = Text3
  End With
  Open "stud.dat" For Random As #1 Len = Len(std)
  RecNo = LOF(1) / Len(std) + 1         '计算新记录的记录号
  Text4 = RecNo
  Put #1, RecNo, std
  Close 1
End Sub
```

```
Private Sub Command2_Click()
   Open "stud.dat" For Random As #1 Len = Len(std)
   RecNo = Text5
   Get #1, RecNo, std
   Text1 = std.No
   Text2 = std.Name
   Text3 = std.Score
   Close 1
End Sub
Private Sub Command3_Click()
   Text1 = ""
   Text2 = ""
   Text3 = ""
   Text5 = ""
End Sub
Private Sub Command4_Click()                   '第一条
   Open "stud.dat" For Random As #1 Len = Len(std)
   RecNo = 1
   Text5 = RecNo
   Get #1, RecNo, std
   Text1 = std.No
   Text2 = std.Name
   Text3 = std.Score
   Close 1
End Sub
Private Sub Command5_Click()                   '下一条
   Open "stud.dat" For Random As #1 Len = Len(std)
   RecNo = RecNo + 1
   If RecNo > LOF(1) / Len(std) Then RecNo = 1      '最后一条的下一条是第一条
   Text5 = RecNo
   Get #1, RecNo, std
   Text1 = std.No
   Text2 = std.Name
   Text3 = std.Score
   Close 1
End Sub
Private Sub Command6_Click()                   '前一条
   Open "stud.dat" For Random As #1 Len = Len(std)
   RecNo = RecNo - 1
   If RecNo < 1 Then RecNo = LOF(1) / Len(std)      '第一条的前一条是最后一条
   Text5 = RecNo
   Get #1, RecNo, std
   Text1 = std.No
   Text2 = std.Name
   Text3 = std.Score
   Close 1
End Sub
Private Sub Command7_Click()
   Open "stud.dat" For Random As #1 Len = Len(std)
   RecNo = LOF(1) / Len(std)
   Text5 = RecNo
```

```
      Get #1, RecNo, std
      Text1 = std.No
      Text2 = std.Name
      Text3 = std.Score
      Close 1
    End Sub
    Private Sub Form_Load()
      Open "stud.dat" For Random As #1 Len = Len(std)
      Text4 = LOF(1) / Len(std)              '计算总记录数并显示到窗体上
      Close #1
    End Sub
```

【习题 11-2】程序所在路径下的 cj.txt 文件中有 5 组数据，每组 10 个，依次为"语文、数学、英语、物理、化学"5 门课程 10 位同学的成绩。程序运行时，单击"读入数据"按钮，可从 cj.txt 中读入数据放到数组 a 中。单击"计算"按钮，则计算 5 门课程的平均分（取整），并依次放入 Text1 文本框数组中。单击"显示图形"按钮，则显示平均分的直方图，如图 11-7 所示。

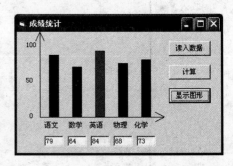

图 11-7　习题 11-2 参考界面

【解析】在窗体上画两个 Line 控件，分别作 x 轴、y 轴；画一个含有 5 个元素的 Shape1 控件数组，底部全部落在 x 轴上，设置每个元素的 FillStyle 属性值为 0、Visible 属性值为 False，FillColor 属性为不同的颜色值；画一个含有 5 个元素的 Text1 控件数组，用于存放 5 门课程的平均分。其他控件参照图 11-7 添加、设置。参考程序代码如下：

```
    Dim a(5, 10) As Integer
    Dim s(5) As Single
    Private Sub Command1_Click()
      Open App.Path & "\cj.txt" For Input As #1
      For i = 1 To 5                        '将成绩读入数组 a
        For j = 1 To 10
          Input #1, a(i, j)
        Next j
      Next i
      Close #1
    End Sub
    Private Sub Command2_Click()           '计算各课程平均分
      For i = 1 To 5
        s(i) = 0
        For j = 1 To 10
          s(i) = a(i, j) + s(i)
        Next j
        s(i) = CInt(s(i) / 10)
        Text1(i - 1) = s(i)
      Next i
    End Sub
```

```
Private Sub Command3_Click()            '显示直方图
  For k = 1 To 5
    Shape1(k - 1).Height = s(k) * 20
    m = Line2.Y1
    Shape1(k - 1).Top = m - Shape1(k - 1).Height      '确保方块底部落在 x 轴上
    Shape1(k - 1).Visible = True
  Next k
End Sub
```

Visual Basic程序调试

在编写程序的过程中，出错是难免的，查找和修改错误的过程称为"程序调试"（debug）。

1. VB程序的错误类型

在学习编写 VB 程序的过程中，会出现各种各样的错误，通常将常见错误分为三种类型。

（1）语法错误

即由于违反了语言有关语句形式或使用规则而产生的错误。例如，语句中关键字拼错、声明的变量名有错、没有使用规定的标点符号、选择结构或循环结构的结果不完整等。在程序编辑时系统会检查出输入错误（红色显示）；或在编译时检查出语言成分错误（通常蓝色覆盖），这时系统显示"编译错误"并提示用户修改。

（2）运行时错误

编译通过，没有语法错误，但运行时报错，程序将停留在错误语句上，等待用户修改。运行错误是由于试图执行一个不可进行的操作引起的，比如使用一个不存在的对象（打开的文件不存在、使用的控件忘记添加了等）、数组下标越界等，此时程序会自动中断，并给出相关错误（实时错误）提示信息。

（3）逻辑错误

程序运行后，结果与预期不同，造成这种情况的原因有：语句的位置不对、变量的初值不合适等。此时系统是不会报错的，只能由用户仔细检查、调试来排错。可以设置断点辅助进行调试。

2. VB调试工具

（1）设置自动语法检查

在 VB 集成开发环境中，打开"工具"菜单，选择"选项"命令，并在打开的对话框中选择"编辑器"选项卡（见图 F-1），选中"自动语法检测"复选框即可。

（2）VB调试工具

使用 VB 调试工具，可以便捷有效地检查逻辑错误产生的位置和原因。VB 提供了一个专门的调试工具栏。若该工具栏不可见，则在任意工具栏上右击，在弹出的菜单中单击"调试"按钮即可出现，如图 F-2 所示。

用户可以借助该工具栏提供的便捷按钮运行程序、中断程序运行、在程序中设置断点、监视变量值、单步调试、过程跟踪等,以尽快查错、排错。调试工具栏中各按钮的使用如表 F-1 所示。

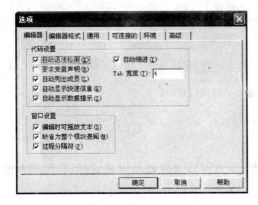

图 F-1　"选项"对话框　　　　　　　　　　　图 F-2　调试工具栏

表 F-1　VB 调试工具栏按钮功能

图标	按钮名称	功　　　　能
II	中断	暂停程序运行,使其进入中断模式
🖐	切换断点	创建或删除断点,断点是程序中 VB 停止执行处
🔽	逐语句(调试)	单步执行后续的每个代码行,若调用其他过程,则单步执行该过程的每个代码行
🔽	逐过程(调试)	单步执行后续的每个代码行,若调用其他过程,则完整执行该过程,然后继续单步执行
🔽	跳出	执行完当前过程的所有余下代码后,中断执行
🖵	本地窗口	打开本地窗口,显示局部变量的当前值
🖵	立即窗口	打开立即窗口,在此窗口中,可在中断模式下执行代码或查询变量值
🖵	监视窗口	打开监视窗口,在此窗口中可显示选中的表达式的值
6ổ	快速监视	在中断模式下,可显示光标所在位置的表达式的当前值,该式子还可快速添加到"监视"窗口
🖳	调用堆栈(列表)	可弹出一个对话框,显示所有已被调用且尚未结束的过程

3. 插入断点、逐句跟踪

在代码窗口中选择怀疑有问题的语句处作为断点。设置断点的方法为:①将光标置于待处理的那一行,按 F9 键;②单击待处理行左侧的灰色边框;③将光标置于待处理行后,单击 🖐 按钮。程序运行到断点语句处即停下,进入中断模式,在此之前出现的所有变量、属性、表达式的值,通过鼠标(只需将鼠标放到对象之上即可显示值)都可以查看。取消断点:光标置于断点行后,再次单击 🖐 按钮;或单击其左侧灰色边框中的圆点。

若要继续跟踪断点以后的语句执行情况,按 F8 键或单击 🔽 按钮。在没有设置断点的情况下,也可以用同样方法逐句执行程序。系统会将正在执行的语句用黄色覆盖,并在左侧出现一个空心箭头。

插入断点后逐句跟踪调试的代码窗口如图 F-3 所示。

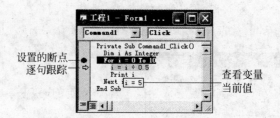

图 F-3 插入断点、逐句跟踪执行效果图

4. 使用调试窗口

虽然在中断模式下，用鼠标指向要查看的变量就可以直接显示出其值，但是使用本地窗口可以更加清晰全面地了解所有变量的值的变化。

（1）本地窗口

本地窗口可以显示当前过程中的所有变量的值的变化。当程序的执行从一个过程切换到另一个过程时，本地窗口的内容会发生变化，它只反映当前过程中的变量的值的变化，如图 F-4、图 F-5 所示。

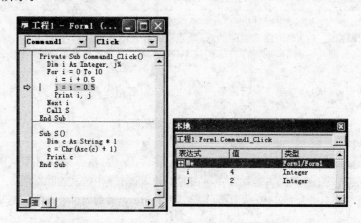

图 F-4 执行 Click 过程时的本地窗口内容

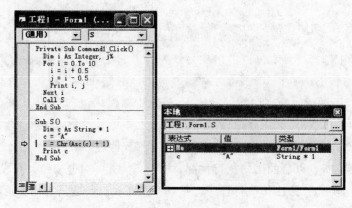

图 F-5 执行 Sub 子过程时的本地窗口内容

（2）立即窗口

立即窗口使用最多，也最方便，可以在程序中用"Debug. Print"方法将输出对象显示到其中；也可以在该窗口中使用"Print"或"?"显示对象的值，如图 F-6 所示。

（3）监视窗口

监视窗口（见图 F-7）用于查看指定表达式的值。指定的表达式称为"监视表达式"。可使用"调试"菜单中的"添加监视"或"编辑监视"来指定或修改"监视表达式"。在对话框的"表达式"文本框中输入需要监视的表达式，再在"上下文"框内选定监视表达式所在的位置，最后指定监视类型，如图 F-8 所示。

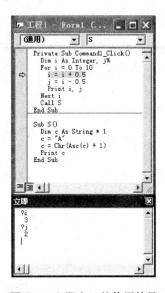

图 F-6　立即窗口的使用效果

图 F-7　监视窗口

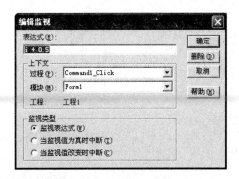

图 F-8　编辑监视表达式的对话框

参 考 文 献

1. 龚沛曾,杨志强,陆慰民. Visual Basic 程序设计教程. 第 3 版. 北京：高等教育出版社,2007
2. 龚沛曾,杨志强,陆慰民. Visual Basic 程序设计实验指导与测试. 第 3 版. 北京：高等教育出版社,2007
3. 牛又奇,孙建国. 新编 Visual Basic 程序设计教程. 苏州：苏州大学出版社,2002
4. 教育部考试中心. 全国计算机等级考试二级教程——Visual Basic 语言. 北京：高等教育出版社,2008
5. 恒扬科导. Visual Basic 6.0 程序设计学与用教程. 北京：机械工业出版社,2003
6. 刘彬彬,孙秀梅,安剑. Visual Basic 全能速查宝典. 北京：人民邮电出版社,2009
7. 谭浩强等. C 程序设计. 第三版. 北京：清华大学出版社,2005